建筑信息模型BIM丛书
BIM应用实例解析系列

基于BIM技术的大型建筑群体数字化协同管理

张鹏飞　主编　李嘉军　副主编

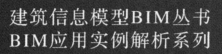

同济大学出版社
TONGJI UNIVERSITY PRESS

内 容 提 要

本书详细地记录了 BIM 技术在后世博大型建筑群体项目中实施过程和工程经验,以及如何通过 BIM 来应对大规模建筑群体工程在投资、进度、质量方面的突出难题,相关经验为将来同类型的智慧园区、绿色园区以及大规模建筑群体建设提供了可参考、可复制的案例样板。

本书内容系统全面,是深入、丰富、贴近 BIM 技术应用实例的解析参考书,为类似项目的 BIM 研究和实践提供指导和参考。

图书在版编目(CIP)数据

基于 BIM 技术的大型建筑群体数字化协同管理/张鹏飞主编. --上海:同济大学出版社,2019.10
ISBN 978-7-5608-8759-3

Ⅰ. ①基… Ⅱ. ①张… Ⅲ. ①建筑群组合－数字化－建筑工程－工程管理 Ⅳ. ①TU-024

中国版本图书馆 CIP 数据核字(2019)第 216534 号

基于 BIM 技术的大型建筑群体数字化协同管理

主 编 张鹏飞	**副主编** 李嘉军			
责任编辑 马继兰 胡晗欣	**责任校对** 徐春莲	**封面设计** 陈益平		

出版发行　同济大学出版社　　　www.tongjipress.com.cn
　　　　　(地址:上海市四平路 1239 号　邮编:200092　电话:021-65985622)
经　销　全国各地新华书店、建筑书店、网络书店
印　刷　大丰科星印刷有限责任公司
开　本　787 mm×1092 mm　1/16
印　张　14
字　数　349 000
版　次　2019 年 10 月第 1 版　　2019 年 10 月第 1 次印刷
书　号　ISBN 978-7-5608-8759-3

定　价　78.00 元

编 委 会

序

　　城市，让生活更美好。一座城市的风貌就像一幅画卷，慢慢展现在我们眼前的是城市中的建筑群。上海后世博地区规划将形成"五区一带"的功能布局，包括：文化博览区、城市最佳实践区、国际社区、会展及商务区、后滩拓展区及滨江生态休闲景观带。后世博地区将成为上海又一个国际化会展中心、文化旅游休闲中心、对外国际交流和外向型高端服务业集聚中心。后世博开发建设的大型项目建筑群，是上海城市画卷中浓墨重彩的一笔。

　　2010年，上海世博会后第一个开发建设的大型项目——后世博央企总部基地，是一项规模巨大的建筑群工程。占地面积18.72公顷，地上建筑达60万平方米，地下建筑45万平方米且全部连通。如此之大的群体建筑，靠的不是凭空想象，建设也不是随手下笔的。针对大型建筑群体项目建设，如何从建设全过程着眼，是后世博建设面临的一项重大课题。

　　后世博央企总部基地项目，有16家投资主体。上海市委、市政府高度重视后世博建筑群的开发，要求高品质建设，保功能落地，并成立了后世博建设领导小组，由分管副市长任组长。工程自2012年开工，至2017年基本建成，前后历时五年。面对"投资主体多、设计单位多、施工单位多、监理单位多、施工不同步、地下大连通"等一系列特点，后世博建设领导小组提出了"统一规划、统一设计、统一施工、统一管理"的建设理念，并始终坚持如一。上海世博发展集团为完成上海市委、市政府交办的建设管理任务，为保工程品质，功能落地，控制风险，确保进度，降低成本，提高效率，在上海市、区相关部门的支持下，成立了现场工程建设指挥部，全力组织实施。同时又与各建设主体，各设计、施工、监理等单位组成BIM应用团队，采用数字化协同管理关键技术，用数字化支撑以"一幢楼、两条路、三个通道"为代表的项目工程,通过建立 4 个标准,6 个平台,开展 BIM 技术的研究和应用,辅助工程建设。BIM 技术的运用,有力支持了上海后世博央企总部基地项目的高水平建设。

在后世博央企总部基地项目建设中,各参建方以 BIM 科研活动为抓手,以具体的项目工程为研究对象,贴近项目,贴近工程,明确目标,通过构建完整的组织体系,实施研究成果,解决了工程在投资、进度、质量、安全等方面突出的一系列难题。后世博央企总部基地项目 BIM 技术研究与应用的成果,也必将为未来同类型的智慧园区、生态园区、大规模建筑群体、超大规模地下空间的开发建设,提供颇有价值的参考经验。

该书作者全过程参与了后世博央企总部基地项目的建设和项目 BIM 技术的课题研究与应用。该书较详尽地叙述了后世博大型建筑群项目在建设过程中运用 BIM 技术的一些做法和研究成果,同时也阐述了研究团队课题荣获 2018 年度上海市科技进步奖的全部内容,此书具有一定的可读性和借鉴性。

作为一名后世博建设的参与者,也以此序感谢所有参与后世博央企总部基地建设的各位同仁,感谢对后世博工程建设给以指导帮助的各级领导、专家以及给予大力支持的各有关方面的同志们。

2019 年 10 月 27 日

前　言

　　本书针对大型建筑群体综合应用型项目,从建设全过程着眼,聚焦于"投资主体多、设计单位多、施工单位多、监理单位多、施工不同步、地下大连通"等项目需求和困难进行攻关,构建了完整强大的基于 BIM 的大型建筑群体数字化协同管理系统,解决了工程在投资、进度、质量方面的突出难题,并形成三大创新成果,包括:

　　(1) 基于建筑信息集成模型的超大规模项目群协同设计技术:将 GIS 与 BIM 结合构建动态总体规划管理平台,提出基于 BIM 的总控设计方法;明确"群体—单体—群体"的工作思路,通过"设计—分析—再设计"的交互式工作方法实现性能优化设计;将设计模型与 BIM 工程量打通,实现了"材料量(M)—工程量(Q)—造价(C)"的三步成本预估方法。最后集成开发具备强大承载能力的 BIM 工程协同平台,促进超大建筑项目群(组)协同工作方式的升级。

　　(2) 后世博大型建筑群体施工阶段数字化协同技术:在施工阶段借助 BIM 技术,集成不同专业、不同机构、不同维度的海量信息,进行施工深化设计,通过 BIM 虚拟施工技术加强施工协调管理。同时,考虑到多家施工单位共同参与的特点,建立了适合我国工程特点的施工管理模式以及相应的施工管理协同平台和监理管理平台,用于协同管理各参与方以及建设过程中产生的庞大项目信息。

　　(3) 大型建筑群体数字化协同管理关键技术:在模型创建和单项应用、模型管理和数据集成、基于集成数据的综合应用三个层面攻关,研究大型项目群体基于 BIM 数字化协同管理应用标准与工作机制,实现 BIM 技术在超大型项目群的全过程集成应用;研发基于业主的协同管理平台,创建各平台接口,形成完整的项目群体协同平台体系。

以上创新成果成功解决了大型建筑群体在投资、进度、质量方面的突出难题,并为将来同类型的智慧园区、绿色园区等大型建筑群体建设提供了可参考的数字运行平台指导性样板。

本书研究或探讨的技术成果全面支撑了上海世博央企总部基地项目的高水平建造和高保障运营。通过提早发现和解决冲突,将建设中的错、漏、碰、缺、返工等造成的浪费减少80.9%;建设周期缩短 8.39%,节约工程投资 8.39%;自动连接物业管理数据库,大大提高运营效益。本书属于国内率先由业主牵头开发的 BIM 技术应用项目总结,其技术成果目前已在上海迪士尼国际旅游度假区、苏州工业园区体育中心体育馆、南京万达茂项目等多个重大工程中应用,直接经济效益超过 1.5 亿元,产生了巨大示范效益,并显著提高了我国超大项目群建设和管理的整体技术水平。书中很多成果来自上海市科技委员会"后世博大型建筑群体数字化协同管理关键技术及应用"课题,该项课题获得了 2018 年度上海市科技进步奖。该书得到了上海世博发展(集团)有限公司、上海市建筑科学研究院(集团)有限公司、华东建筑集团股份有限公司、上海建工集团股份有限公司、上海市城市建设设计研究总院(集团)有限公司、上海市城乡建设和管理委员会科学技术委员会办公室等单位相关同志的大力支持,尤其是上海市建筑科学研究院(集团)有限公司董事长、党委书记陈炳良先生和教授级高级工程师何孝磊先生等同志的无私贡献,在此一并表示衷心的感谢!并感谢上海市科学技术委员会、上海市住房和城乡建设管理委员会及同济大学出版社的长期大力支持!

本书主要面向广大规划、建设、设计、施工、监理和运维单位从事项目管理和 BIM 技术应用工作的工程人员以及工程类高校师生等广大读者。限于作者水平有限,欢迎读者批评指正。

编　者

2019 年 10 月

目　录

1 绪论

1.1 建筑业发展背景

1.1.1 行业市场环境

上海世界博览会园区(世博园区)位于上海市中心黄浦江两岸、南浦大桥和卢浦大桥之间的滨江地区。世博园区规划是高起点功能定位和后续开发利用相结合,形成包括文化博览区、城市最佳实践区、国际社区、会展及商务区、后滩拓展区及滨江生态休闲景观"五区一带"的功能布局,使其成为上海国际化的"会议展览中心""旅游休闲中心""对外国际交流中心"和"外向型高端服务业集聚中心"。在上海"四个中心"建设的总体功能框架中,世博园区将根据自身优势补充上海国际化大都市相对功能的缺失,最大程度发挥世博效应,使之成为促进上海城市功能转型和中心城区功能深化提升的重要功能载体。

在率先启动开发的商务区中,最为重要的是后世博央企总部基地。后世博央企总部基地聚集区位于会展和商务区西侧的世博 B02,B03 地块,北邻世博大道和滨江绿化带,南侧为国展路,西侧为卢浦大桥和长清路,东侧与世博主题馆、B06 地块相邻。基地总面积 18.72 hm²,规划总建筑面积约 105 万 m²,地上约 60 万 m²,地下约 45 万 m²,其中 B02 地块分为 B02A,B02B 两个街坊,B03 地块分为 B03A,B03B,B03C,B03D 四个街坊,将发展成为环境宜人、交通便捷、低碳环保、具有活力的知名企业总部聚集区和国际一流的商务街区。世博 B02,B03 地块建筑总体效果图如图 1-1 所示。

后世博央企总部基地由多家业主投资,多家设计和施工单位参与建设完成。此地块业主涉及 16 家企业,地上总建筑面积约为 60 万 m²,有 28 幢办公大楼,楼宇之间最小间距 15 m,具有小街坊、高密度、低高度、高贴线率(消防、人防、绿化等审批难)的特点;地下约

图 1-1　上海世博园区 B02，B03 地块西北向鸟瞰图

45 万 m²，占地面积大。基地建设将地下空间开发利用，并与市政交通设施、城市抗灾救灾、人防工程建设相结合，与轨道交通的出入口对接。B02 地块、B03 地块规划了道路及公共绿地地下空间工程作为后世博地区会展及其商务区项目的配套工程，内容涉及地下人行(车行)通道、地下停车库、高压变电站、公共配套设施等。

由于项目具有特别重要地位，上海市政府提出了遵循"规划高起点，开发高品质、高速度和功能高度融合"的要求，项目面临的未曾遇到过的困难，主要可归纳为以下三点。

1. 规划方面的问题

主要面临的问题是如何与现有规划协调并顺利通过规划审批。本项目地下空间单体开发困难，与《上海市新建公园绿地地下空间开发相关控制指标规定》等现有规划有冲突。

2. 建设方面的问题

主要面临如何保证地上不同建筑、不同设计单位、不同施工单位的协调建设，以及超大地下建筑、复杂公共部分整体建造的协调推进问题。

(1) 单体建筑多，地下大连通。由于地上有 28 幢建筑，涵盖商业、办公、市政、能源中心以及地下空间大连通等问题，由多家设计院参与设计，保证世博园 B 片区整体设计风格一致存在难度，同时对片区整体协调、保证建筑单体间及各建筑单体内专业间的接口协调、处理复杂空间关系以及合理功能布局等带来巨大挑战。

(2) 施工不同步，协调难度大。本项目由 16 家投资主体作为业主，15 家设计院、多家施工单位、监理单位等共同参与建设，建设过程中需要进行大量复杂的协调工作。由于不是同时施工，在没有建筑红线制约的有限施工场地内，如何组织最合理的施工方案，实现多家建设单位的组织、协调和管理，控制施工安全、质量、进度、场地布置等存在诸多挑战。同时，还存在共同沟穿越问题，两条道路、三条通道施工难点问题，建设时间紧的问题。

(3) 地下公共空间由上海世博发展(集团)有限公司(简称"世发集团")统一开发建设，

但由多家业主投资、成本分摊。如何建立合理、科学、及时的投资控制、工程量计算及成本分摊,以及在未来运营中实现合理运行收费,每个问题都成为项目的一大难题。

3. 资金和时间问题

本项目 2016 年必须全部竣工,项目对安全质量要求高、成本控制紧。主要面临的问题是如何在计划的工期和预算内保证按时、保证质量地完成建设任务,实现对此复杂项目的精准预算控制,以及降低项目建设的错、漏、碰、缺等造成的返工,从而实现建设周期精准控制。

针对项目"投资主体多,设计单位多,施工不同步,地下大连通"的特点和难点,世博发展集团提出后世博央企总部基地开发管理必须贯彻实施"统一规划、统一设计、统一施工、统一管理"四统一的建设方针。同时,为解决以上难题,开展了后世博央企总部基地课题项目(以下简称"项目")研究,重点研究大型建筑群体数字化协同关键技术,以先进的数字化技术手段和工具辅助项目管理与协调。解决工程在投资、进度、质量方面的三大突出难题:

(1) 解决超大项目群非统一设计协调问题,统一设计风格,协调专业接口。

(2) 解决超大项目群非统一施工协调问题,优化施工方案,协调施工进度。

(3) 解决超大项目群非统一监理协调问题,保障施工进度,评价施工质量,核实工程量。

1.1.2 BIM 技术在建筑行业发展的进程和特点

建筑信息模型(Building Information Modeling, BIM)概念来自 20 世纪 70 年代的美国,通过软件实现数字信息模拟建筑物设计、施工、运营等全过程,贯穿建筑的全生命周期,被认为是全球建筑行业的变革型理念和里程碑技术,受到国内外学者和业界的普遍关注。

美国、英国等国家的政府及相关机构陆续发布了当地的国家、行业和企业级标准。美国联邦总务署(General Services Administration, GSA)规定,自 2007 年起在联邦政府大型工程中必须应用 BIM 技术,并编制了一系列指南,有力地推动了 BIM 技术的普及应用;美国建筑科学研究院牵头开展了国家 BIM 标准的编制工作,目前,标准已经更新至第二版。英国政府组织了 200 名相关专家,分专题进行研究,编制了 BIM 技术应用框架,并规定自 2016 年起,所有的政府工程都必须按照 BIM 技术应用框架实施。此框架包含:

(1) BIM 协议,规定应建立的模型以及各参与方对模型的义务、责任和权限。

(2) 雇主信息需求,即业主对 BIM 信息管理的需求,包括软件、硬件、数据标准、安全标准等。

(3) 信息管理服务范围,相当于 BIM 合同标准文本。

(4) 责任保险指南,用于明确界定 BIM 技术应用涉及的责任。

(5) 基于 BIM 技术的建设项目交付阶段信息管理规范,提出了各阶段的数据交付标准等。

新加坡于 2010 年发布 BIM 交付模板以减少从 CAD 到 BIM 的转化难度,2015 年,强制要求所有建筑面积大于 5 000 m² 的项目都必须提交 BIM 模型。日本建筑学会于 2012 年发布了日本 BIM 指南，从 BIM 团队建设、BIM 数据处理、BIM 设计流程、BIM 成本预算、模拟等方面为日本的设计院和施工企业应用 BIM 提供指导，相关软件厂商成立国产解决方案软件联盟，为 BIM 数据集成提供智力支持。韩国国土交通海洋部分别在建筑领域和土木领域制定 BIM 应用指南，多个政府部门都致力于制定 BIM 应用标准。中国香港地区的 BIM 发展主要依靠行业自身的推动，目前已完成从概念到实用的转变，处于全面推广的初步阶段。

1.1.3　我国 BIM 技术的发展概况

BIM 技术从 2002 年引入工程建设行业，国内关于 BIM 技术的丛书才初露头角。BIM 技术开始应用于部分示范工程。自 2009 年以来，BIM 在设计企业中的应用得到快速发展。《2011—2015 年建筑业信息化发展纲要》将"加快建筑信息模型（BIM）、基于网络的协同工作等新技术在工程中的应用"列入总体目标，确立了大力发展 BIM 技术的基调。在 2010 年公布的设计企业 100 强中，应用 BIM 的占 80%，可以看出，BIM 在我国处于快速的发展过程中，很多大型设计单位还专门成立了 BIM 中心，开展 BIM 技术应用和推广，甚至开展建筑全生命周期的信息技术服务。但总体的研究和应用水平尚处于起步阶段。目前建筑行业应用 BIM 技术进行工程项目管理的整体水平较低，存在明显的局限，主要表现在：

1. 软件技术尚未完善

当前 BIM 软件技术普遍存在本地化技术不足，本地化构件资源较少，本地化的项目模板、本地化的 BIM 建模标准和工作流程不配套，电气专业参照标准本地化不良，软件与本地化的各种规范、标准和计算的结合欠缺的问题；模型生成的平面、剖面图不能全部达到施工图设计深度；异型建筑成型技术和性能分析技术对模型和软件操作有较高的要求，需要投入时间实施培训和深入学习；此外，BIM 软件对计算机硬件要求较高，影响超大型项目效率。

2. BIM 技术的认识偏差

BIM 技术涉及面很广，相关人员难以准确把握，很多企业对 BIM 技术的认识还不到位。有的企业认为，只要建立了三维模型就是应用了 BIM 技术；还有的企业认为，只要应用了某个主流 BIM 应用软件就是应用了 BIM 技术。这些认识都不全面，存在一定的偏差。

3. 上游设计模型缺失

部分项目从施工阶段才开始应用 BIM 技术或者由于一些知识产权问题无法得到设计模型。往往需要首先按照施工设计图纸建立模型，然后才能开展 BIM 应用，如果没有 BIM 设计模型，施工阶段 BIM 需要投入资源做大量重复性工作。

上述问题严重阻碍了基于 BIM 的工程项目信息化管理及发展，所以，建筑信息模型标准的建立、数据信息的集成存储及工程管理过程中各部门、各专业协同工作的实现是提高工程管理能力和效率的必然趋势。

后世博央企总部基地项目是一个复杂的巨型系统,空间跨度大、项目参与方多、项目性质复杂、项目功能全面、涉及专业比较广,同时具有工程量大、投资多、技术复杂、时间紧迫、质量要求高等特点,其具有的与普通项目不同的特性给项目管理带来了很多新的挑战。目前传统设计和管理方式无法与日趋复杂的工程项目及项目群体的需求相匹配,因此应用BIM技术势在必行。

1.2 建筑行业发展现状

1.2.1 发展总体思路

上海世博央企总部基地的开发管理必须贯彻"统一规划、统一设计、统一施工、统一管理",即"四统一"的基本原则。

根据世博地块打造"世界新地标"的总体目标,在世博园区地块的开发建设和管理时,引入国际先进的、具有关键战略意义的建筑工程信息技术——建筑信息模型(BIM),构建基于BIM的大型建筑群体数字化协同管理平台,以最先进的技术手段和工具辅助项目管理与协调,并为将来智慧园区、绿色园区等建设提供数字运行平台。通过上海世博会后续大型群体商办建筑数字化建设管理协同平台,高水平、高速度地推进世博园区开发建设与后期运营管理。

1.2.2 技术创新

大型建筑群体数字化协同管理平台突破了多个技术难点,并结合实际工程进行了深入应用。

(1)针对超大项目群协同设计的难点,开展建筑群数字化协同设计相关研究,形成基于三维建筑信息集成模型的超大规模项目群协同设计技术,此成果共涉及5个创新技术:基于地理信息系统GIS和BIM的动态总体规划、基于BIM的总控设计、超大项目群性能模拟仿真设计技术、超大项目群工程量与造价数据共享技术以及BIM工程设计规划协同平台。

(2)施工是项目实施的关键环节,涉及专业种类繁多、施工工序复杂、质量要求高,大型建筑群体施工阶段数字化协同技术成果共涉及4个创新技术:数字化施工协同管理平台、超大项目群三维协同施工阶段深化设计技术、超大项目群施工协调管理技术、超大项目群施工监督管理技术。

(3)建立核心的工程项目监理管理平台,用于协同监理过程各参与方及巨大信息量,共涉及3个创新技术:大型项目群体BIM技术多层次应用、大型项目群体基于BIM数字化协同管理应用标准与工作机制、基于BIM的超大型项目群工程全生命周期协同平台体系。

(4)基于超大型项目群体全生命周期管理要求,分析各子平台系统(包括业主管理平台、设计平台、施工平台、监理平台等、数字优化平台)与综合管理总平台的对接接口,制定相关流程标准与模型标准,在统一、集成、稳定、易用、可扩展的原则下,开发完成了超大项目群体全生命周期数字化协同平台体系以及相关的平台系统,对项目提高协同管理的效率起到了很好的作用。

以上内容在后序章节有详细的论述。

1.2.3 机遇和挑战

1. 基于 BIM 技术的大型建筑群体数字化协同管理平台研究

制定标准与导则,开展保障体系和项目研究工作机制,有助于建立信息模型、管理信息模型,以及促进平台使用者之间的沟通与共享,是成功推行数字化协同工作与管理的重要因素。

(1) 大型项目群体 BIM 应用标准与保障体系研究。根据大型项目群体的工作特点,由业主方统一制定硬件架构体系、网络拓扑结构及软件应用体系框架标准,同时依据项目群体各协同单位的专业特点开展统一的数据格式、数据交换、数据汇集及数据应用的协同管理保障体系的研究,使各协同面的数据能在统一技术框架中基于 BIM 技术基础进行碰撞整合,制定工程项目与课题相结合的工作机制(图 1-2)。

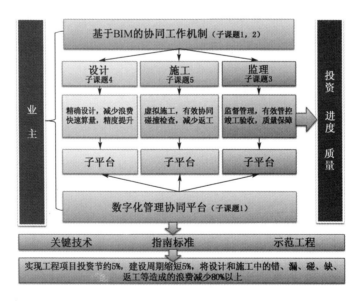

图 1-2 技术路线图

(2) 大型项目群体各参与单位基于 BIM 的协同工作机制研究。研究包含项目各阶段参与单位角色与责任的定义,并基于 BIM 模式进行工作分解;项目决策过程、实施过程(设计准备、设计、施工和物资采购、监理等)和运营过程的工作流程定义和项目管理机制;大型项目群体中不同业主、不同工程的协同工作模式。

（3）基于 BIM 的大型项目群体数字化管理协同平台研究。以现有大型项目群体数字化管理平台（如基于 GIS 的管理平台、基于工作流的管理平台等）为参考,研究将 BIM 技术与现有管理平台有机融合,形成面向建设单位、设计单位、施工单位、材料供应单位以及其他各相关组织与部门的协同平台体系,研究如何通过 BIM 技术的引入更进一步强化可行性研究、设计、招投标、维保等各阶段的工作,在 BIM 与相关技术融合的体系架构中使各建设协同面高效互动及管理协同。

（4）基于 BIM 的智慧化绿色园区数字化运营模拟平台。以后世博央企总部基地大型项目群 BIM 信息为基础,提炼模型数据中的运维元素,将其作为管理对象集,在建设期内形成能与设计模型交互的运营组态验证平台,通过加载相关绿色、智能化标准规范体系的规约,进一步验证现有方案的实效性,以便及时调整,同时,与模型数据交互的接口在过渡至运营期内将接收实时数据,实现真实运维模型数据的便捷,实现该平台长效使用机制,使其在服务于建筑生命全过程中做到信息内容的增值,也为全生命周期内园区的高品质管理提供稳定基础。

2. 超大项目群数字化多元投资管理

（1）超大项目群数字化投资分摊与控制管理。针对目前后世博央企总部基地地下空间工程的投资主体多、各投资主体对费用分摊原则存在争议这一特点,研发并建立基于建筑信息集成模型的空间管理系统。利用建筑信息集成模型空间管理技术,准确地对各投资主体单位所占工程量及费用进行分摊,使每个数据的准确性、每笔费用分摊的合理性都有据可查,有理可循,最终解决投资分摊难问题。利用基于建筑信息集成模型的项目群和企业级投资管理平台,实现多元投资项目群的投资控制和投资分摊管理;实现项目群工程量、造价的准确快速统计,有效控制造价;实现对过程中签证、变更等资料的快速创建,方便在结算阶段追溯;高效准确拆分不同投资主体、不同楼号的投资完成量。

（2）超大项目群工程量与造价数据共享研究。以三维模型信息集成技术为核心建立工程项目的造价数据共享平台,所有管理人员可以根据权限通过互联网实现远程随时随地根据楼号、时间、工序、区域等多个维度查询项目的工程量、造价数据信息,使材料计划、成本核算、资源调配计划、产值统计（进度款审核）等信息,及时准确地获得基础数据的支撑。数据与图形形成关联关系,对有争议的问题可以快速反查图形、核对数据。

3. 超大项目群非统一设计的协调体系研究与应用

（1）建立基于地理信息系统的动态总体规划管理平台。通过建立统一的硬件架构、网络交互拓扑及应用架构,整合地块的遥感、航测数据及地块内建筑信息模型数据,形成面向整个项目群区块、建筑集合地块及建筑单体对象的多维信息管理平台,使该信息全集平台能为要素分析和管理提供完整而实时的数据支持,实现对该地块的多目标开发和规划,包括总体规划、建设用地适宜性评价、建设方案与规划的协调性评价、环境质量评价、道路交通规划、公共设施配置等。同时,平台通过与各协同面的实时交互接口,实时获取各协同面的更新信息,通过规划信息与实时实施、管理信息的碰撞,形成规划与进展跟踪的动态同步平台,使超大项目群各建设单位规划设计能在异步推进中避免彼此的冲突。

(2) 超大项目群性能模拟仿真设计技术研究。在数字化园区里利用三维模型开展绿色建筑分析技术,并开展一系列性能化分析(日照、抗震、抗风、交通、疏散、火灾、防汛、节能、环境影响分析等)的集成应用技术。通过超大项目群性能模拟仿真分析,在单个项目施工开始之前就将其最优的规划设计方案遴选出来,使项目建成后既对其周围环境产生的不利影响最小,又能实现单体建筑的使用功能最优;在变更发生时能及时体现每一类变更,并进行相应模拟,对变更作出最优决策。

(3) 超大项目群公共地下空间全三维设计的技术与应用。BIM 技术在地下空间全三维设计的技术应用体系研究中,建模与工程出图高度同步,提高了设计效率和工程质量;多子项、多专业的协同设计技术,三维设计表达及可视化技术,多专业自动碰撞检查功能,实现多专业设计管线综合及优化;净高(楼梯、走道净高、车库净高等)检查技术,逃生路径自动检查技术,技术经济指标自动统计生成技术,报建、报批图纸生成与成果规范化管理技术,实现 BIM 场地道路设计、土方统计与分析及市政管网管线综合研究,利用 BIM 模型开展绿色建筑分析的技术,利用 BIM 模型开展性能化分析(交通、疏散、火灾等)技术。

按照地下空间与上部建筑的工程划分原则、建筑部位及其权属制定工程量分割界面,制定界面分割原则;对分区 BIM 模型进行精确工程量统计以及输入数据到工程造价软件中的快捷方法研究。

(4) 通过现状建模实现场地配套条件的动态模拟与协调。超大项目群包含许多使用功能独立的单体项目,同时也包含了众多服务于多个项目的配套设施,比如市政管网、道路系统以及在施工过程中会用到的物料堆场等。由于项目在从设计、施工到后期运营维护整个生命周期里会出现各种变更,这些变更可能会使原本合理的配套变得需要动态调整,或者会对其周围已存在的或正在施工的建(构)筑物产生阻碍作用。遇到这种情况,可以利用三维协同技术模拟,分析不同的变更方案对周围配套提出的不同要求以及产生的不同影响。通过可视化技术,直观地看到各变更方案一旦实施将会对项目群产生不同影响,从而选择对工期质量投资以及周围环境产生最小负面影响的合理实施方案,实现多子项、多专业的协同。

4. 超大项目群非统一施工的协调体系研究与应用

(1) 超大项目群施工进度模拟。超大项目群单体项目数量多,项目信息量巨大。一旦进入大规模施工阶段,使用传统项目管理手段很难了解并控制整个项目群的总体进度。当个别项目遭遇到施工过程中的困难点、新工艺或突发状况时,进度极易失控;特别是一旦项目建设需要占用公共空间和公共资源,更会影响到整个园区的建设进度控制。

通过建立建筑信息平台,编制项目四维(三维+时间)模型进度计划,并利用可视化技术模拟关键工序和相关工艺,各项目建设方及其他参与方可以形象直观地预先了解到施工可能的推进过程,增强对项目进度的把控。通过收集实际项目施工信息资料,并及时更新到协同管理平台,项目管理方可以实时跟踪检查,发现偏差进行诊断并及时采取纠偏措施。在施工阶段可以通过虚拟建造减少现场施工返工,提高施工效率。对于园区道路、管线、场地等公共资源的管理,更需要运用约束理论和关键链进度控制方法,建立信息协同机制并落实到协同平台中,有效降低乃至规避由于单体项目侵占公共资源而影响到园区总体进度的重大风险。

(2)施工过程中变更管理策划。建筑信息模型技术能增加设计协同能力,更容易发现问题,从而减少各专业间冲突。建筑信息模型技术可以做到真正意义上的协同修改,大大节省开发项目的成本。建筑信息模型技术改变以往"隔断式"设计方式,依赖人工协调项目内容和分段交流的合作模式而变成平行、交互的方式。发现单个专业图纸错误的比例较小,设计各专业之间的不协调、设计和施工之间的不协调是设计变更的主要原因。通过BIM应用的协调综合功能可以解决这些问题。

在施工过程中,业主、设计、施工等单位可能会提出变更,但是问题随之而来,比如是否有必要变更,变更之后会不会对其他专业带来影响等问题,通过基于BIM的虚拟施工技术研究,在作出决策前采用虚拟施工演示变更内容,降低了盲目决策带来的损失。而后续一旦变更确定,及时更新BIM模型,保证BIM模型最新,避免了参建各方因图纸版本不同而错误施工,对后续类似工程项目设计和施工提供了理论依据和技术支持。

5. 超大项目群非统一施工监督管理的研究与应用

(1)工程监理BIM协同平台。以BIM为核心技术建立工程项目监理管理平台,用于协同建筑工程项目监理过程各参与方以及产生的庞大项目信息。通过对项目实施过程中添加到信息模型中的材料设备信息、工程变更信息、工程实体质量信息验证确认,以及记录监理单位本身工作过程中的平行检测、实测实量等信息,并与设计模型进行比对分析,实现工程项目目标控制的可视化、形象化和数字化。

(2)工程竣工验收BIM应用。通过记录专项验收过程中的实际检测、监测和试验数据,验收视频信息和验收结论,通过记录工程竣工验收过程中有关安全及功能的检验和抽样检测结果信息、观感质量实测实量信息、验收过程的视频信息和验收结论,验证和确认建筑工程是否达到了设计模型所标明的各项要求以及达到的实际进程。

(3)绿色建筑验收BIM应用。建立基于BIM的绿色建筑效能评价分析工具,实现绿色建筑竣工验收阶段对能效测评、室内外通风和自然采光的数据采集和性能分析。通过与设计模型和评价标准的对比分析,给出绿色建筑验收阶段的分项评估结论和星级总体评价,并用图像、图表和三维状态模拟进行表示,实现分析数据的可视化功能。

1.3 协同与沟通的融合

1.3.1 传统的协同管理与基于 BIM 的协同机制比较

传统的协同管理适用于项目单一、规模不大、业主唯一、单一指令等特点的项目,对于复杂项目群体而言,多个单体业主同时参与决策,每个单体业主都形成独立决策主体,而单体项目之间并非独立,而是相互联系、相互交叉,多业主基于自身利益考虑,其决策势必引起项目开展过程中的矛盾,且各单体组织间过于孤立,因此垂直的组织结构形式不利于复杂项目群体多业主的建设。

组织的复杂性和多元化导致指令传达多元化,单体项目之间的组织孤立加大了项目实施的难度,在项目进行过程中,因组织管理和协调不畅影响项目的开展,因此,在复杂项目群体管理中,组织的集成化显得尤为重要。BIM 技术的基本理念是集成化,这样有助于将分散孤立的组织形成较为集成化的协同组织(图 1-3)。

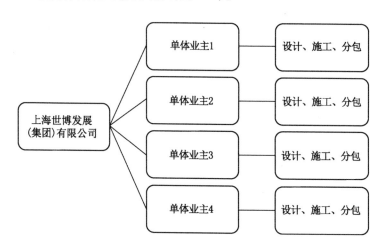

图 1-3 项目工作机制组织示意图

1.3.2 基于 BIM 的协同应用范围

在后世博央企总部基地项目全生命周期 BIM 应用过程中,将着重开展基于 BIM 的项目管理,以 BIM 为工具辅助业主对项目进度、投资目标进行控制,达到优化项目设计质量、缩短项目工期、实现成本可控的目的,同时也必须考虑为后期运维管理提供载体的需求。

1. 模型的传递

设计院将建筑、结构、机电、幕墙、钢结构、装饰施工图模型化后,进行设计模型交底,向施工总包移交。施工方根据该项目的特点,采用多家单位协同设计,模型迭代的方法由总包单位、钢结构深化单位、幕墙深化单位、机电深化单位等相关单位综合完成,按照专业位置的思路对模型进行细化拆分,对工程变更各相关单位也要如实在模型上反映,同时录入有价值的工程信息,不断更新、完善、丰富模型的工程信息直至竣工,由总包向运营管理方移交。此过程中所有参建方参与其中(表1-1)。

表1-1 　　　　　　　　　　　　**基于 BIM 的协同应用范围**

阶段	子阶段	BIM 应用	具体要求
设计	扩初阶段	三维建模	根据设计合同中的建模深度要求建模
		设计协调	提供当前设计的"碰撞检查"报告,并根据碰撞检查结果修改设计
	施工图阶段	三维建模	根据设计合同中的建模深度要求建模
		设计协调	提供当前设计的"碰撞检查"报告,并根据碰撞检查结果修改设计
		工程计量	利用施工图模型进行工程量计量
施工	地下空间土建工程	施工模拟	根据地下空间施工方案,利用施工图模型进行地下空间施工模拟(包括土方开挖、做支撑、做地下结构、换撑拆撑、封顶全过程)
		竣工模型	将实际施工信息(时间、作业机械、质量情况等)加载到施工图模型中,形成竣工模型
	主体结构土建工程	施工模拟	根据主体结构施工方案,利用施工图模型进行主体结构施工模拟
		钢结构深化设计模型	根据钢结构深化设计,对钢结构深化设计单独建模
		竣工模型	将实际施工信息(时间、作业机械、质量情况等)加载到施工图模型中,形成竣工模型
	幕墙安装工程	幕墙深化设计模型	根据幕墙深化设计,对幕墙深化设计单独建模
		施工模拟	根据幕墙安装方案,利用主体结构施工图模型和幕墙深化模型进行幕墙安装节点施工模拟
		竣工模型	将实际施工信息(时间、作业机械、质量情况等)加载到幕墙深化设计模型中,形成竣工模型
	电梯安装工程	电梯深化设计模型	电梯厂商根据合同对电梯进行深化设计建模
		三维协调	将电梯模型与主体结构模型进行合模和碰撞检查,并进行设计协调
		竣工模型	将实际施工信息加载到电梯深化设计模型中,形成竣工模型
	机电设备安装工程	各专业深化设计模型	根据风水电专业深化设计,对各专业深化设计建模
		三维协调	将各专业深化设计模型与主体结构模型进行合模和碰撞检查,并进行设计协调
		竣工模型	将实际施工信息(时间、作业机械、质量情况等)加载到机电设备深化设计模型中,形成竣工模型

（续表）

阶段	子阶段	BIM 应用	具体要求
施工	室内装饰装修（内装）工程	内装深化设计模型	根据内装深化设计，对内装深化设计建模
		三维协调	将内装深化设计模型与主体结构模型进行合模和碰撞检查，并进行设计协调
		竣工模型	将实际施工信息（时间、作业机械、质量情况等）加载到内装深化设计模型中，形成竣工模型
	室外总体施工工程	竣工模型	将实际施工信息（时间、作业机械、质量情况等）加载到室外设计模型中，形成竣工模型
验交		竣工模型	将施工阶段形成的各专业竣工模型整合，形成完整的建筑物竣工模型，包含全部设计、施工信息，移交给运营单位

2. 实施过程记录

施工总包单位要向 BIM 管理平台上传参建方确认的各专业及工程单体模型成果文件，应确保变更信息、工程信息载入模型。通过各阶段电子文件的平台留存，形成历史痕迹。

3. BIM 模型计量存在的问题

在 BIM 模型计量中存在以下问题：模型中实物量缺失，根据建模软件计算的工程量清单与国内工程量定额存在差异，目前国内常用的算量软件与模型文件导入存在数据不兼容的现象及信息丢失等问题。

利用 BIM 模型成果进行工程计量过程中存在比较复杂的增减关系，需各参建方形成共识加以解决。因此，利用 BIM 模型可以进行工程量的复核，但其所得结果仅能作为参考，为结算提供参考依据。

4. 4D 模拟施工

通过 BIM 软件的参数化，进行工程施工模拟，控制工程形象进度节点及整体进度节点施工。

5. 验收措施

各参建方按实施方案要求的 BIM 应用工作完成情况以及阶段性检查情况，将其作为工程进度款支付的必备条件之一。

1.3.3 协调沟通如何高效化

结合项目的组织架构并充分考虑项目的特点以及 BIM 工作的要求，制订了协调沟通机制，同时定期安排会议（表 1-2、表 1-3）。

表 1-2 会议协调沟通机制

时间	会议名称	主题/目的	参加单位
每周一次	BIM 技术与管理工作例会	总结本周工作,并安排下一周的工作。组织各 BIM 参与方(BIM 设计、BIM 施工、BIM 监理)协调本阶段的难点	BIM 参与各方
每月一次	BIM 工作定期汇报会	向业主汇报本阶段的工作进展和需要决策的重大事项	业主、BIM 咨询单位
不定期召开	专题会议	就特定工作专题进行协调	视工作专题需要由相关方参与

表 1-3 BIMroom 的搭建

	硬件配置		
BIM 会议的配置	平台客户端	5~8 个	高配置移动工作站,可及时修改模型
	投影仪	2~3 台	3 台:显示模型、流程、工序各 1 台,备用 1 台
	会议室	桌椅、有线、无线网络,电话	容纳 20 人开会,BIM 技术人员工作区,会议讨论区
	会议系统	1 套	功放、话筒、视频会议系统

1.4 大型项目群 BIM 应用标准

针对后世博央企总部基地项目的特点,为明确工程项目 BIM 实施目标、范围、工作内容,指导项目 BIM 实施,实现世博园区工程的动态控制、及时预警和可视化监管。项目所有参建方共同编制了《后世博央企总部基地 BIM 应用实施指南》《上海世博园区 B02,B03 地块央企总部基地数字园区建设管理应用导则》《上海世博会 B 片区央企总部基地地下空间 BIM 建模标准》《世博发展集团大厦 BIM 实施标准》《后世博大型建筑群体施工阶段 BIM 技术应用标准》《基于 BIM 技术的超大项目群建设优化工作程序和方法》等工程标准指南以及建模、技术、硬件、软件网络等基础标准。

1.4.1 BIM 应用指南

1.《后世博央企总部基地 BIM 应用实施指南》

该指南针对后世博央企总部基地项目的 BIM 建模规则、流程、应用等做了详细规定,规定包括 BIM 实施的术语、一般规定、协同工作机制、全过程应用等内容。

指南主要有以下几方面应用:

（1）明确后世博工程 BIM 实施目标、范围、主要内容和具体应用点等相关要求。

（2）作为 BIM 应用方案制定、项目招标、合同签订、项目管理等工作的参考依据。

（3）指导项目 BIM 实施，实现世博地区工程的动态控制、及时预警和可视化监管。

（4）指导项目的建设、设计、施工、运营和咨询等单位在工程中开展 BIM 技术应用，实现 BIM 应用的统一和可检验。

（5）用于后世博的建筑信息模型的全生命周期的建设和运营，包括勘察、设计、施工、监理、验收和运营。

本指南是项目群级的 BIM 标准，可作为每一个单体项目的 BIM 应用方案制定、项目招标、合同签订、项目管理等工作的参考依据，可以推广到国内大规模建筑群的 BIM 应用中。

2.《上海世博园区 B02，B03 地块央企总部基地数字园区建设管理应用导则》

本导则根据上海市世博片区 B02，B03 地块央企总部基地项目数字化智能化定位，结合世博园区后续开发信息化专项规划及设计方案，提出了满足控规要求的系统设计内容。

3.《上海世博会 B 片区央企总部基地地下空间 BIM 建模标准》

从数据的一致性看，上下游数据的格式应保持一致，当使用上游数据时，应对数据进行核对和确认，保证能互相直接读取并使用。读取有关数据与建筑信息模型的关联、存储、协同工作的规则。

4.《世博发展集团大厦 BIM 实施标准》

世博发展集团大厦是世博发展集团在整个后世博 B 片区的 BIM 应用示范工程，作为世博发展集团的重点 BIM 应用示范工程，各参建单位均在相应合同中明确相应的应用责任，要求在 BIM 技术应用中做出相应实际工作，满足业主单位的 BIM 技术应用需要。

5.《后世博大型建筑群体施工阶段 BIM 技术应用标准》

本标准旨在制定 BIM 实施过程中各个参与方共同遵守的规则，保证该工程中 BIM 项目的顺利开展。主要内容包括：

（1）施工阶段 BIM 实施的主要内容。

（2）BIM 施工阶段应用点列表。

（3）BIM 实施的基础构架：项目实施的软件平台、硬件平台和各参与方的职责。

（4）BIM 模型的建模要求、命名规则和提交要求。

（5）BIM 实施的沟通机制和各方职责界定。

（6）BIM 实施的质量保证措施和组织保证措施。

6.《基于 BIM 技术的超大项目群建设优化工作程序和方法》

本程序和方法适用于在超大项目群全生命周期中的方案优化工作。方案的优化工作依托数字化建设方案优化管理平台(以下简称"优化管理平台")开展，包括优化事项的提出、落实相关责任单位以及优化工作追踪等。本程序和方法针对优化工作规范提出要求,方案的优化形式由优化单位根据实际需求决定,并汇总为书面优化报告。

1.4.2 BIM 应用的四个标准

1. 建模标准

1) 基本要求

BIM 涵盖建筑全生命周期所有数据信息,数据信息的积累从前期策划阶段开始,贯穿整个生命周期。其中,每个过程都会产生相应的数据信息,随着过程的推进,数据信息也在不断积累、衍变,保持螺旋式上升,最终形成建筑信息模型数据信息的螺旋曲线。其中包括:

(1) 模型信息的完备性。所验收的 BIM 信息应包括完整的工程信息描述,如对象名称、结构类型、建筑材料、工程性能等设计信息;施工工序、进度、成本、质量以及人力、机械、材料资源等施工信息;工程安全性能、材料耐久性能等维护信息。

(2) 模型信息的准确性。信息模型中的对象是可识别且相互关联的,系统能够对模型的信息进行统计和分析,必须确保模型信息的准确性。如果模型中的某个对象发生变化,与之关联的所有对象都会随之更新。

(3) 模型信息的一致性。在建筑生命期的不同阶段模型信息是一致的,同一信息无需重复输入,而且信息模型能够自动衍化,对在不同阶段的模型对象进行简单修改和扩展,无需重新创建,可以减少因信息不一致发生的错误。

(4) 模型信息的变更性。由于建筑物的方案、设计、施工、运营是一个过程,因此,BIM 模型是在不断变化的,而不是静止不变的。例如,设计阶段的 BIM 模型需要有空间布置、房间数量、房间功能、系统信息、产品尺寸等信息;施工阶段的 BIM 模型需要有竣工资料、产品数据、序列号、标记号、产品保用书、备件、供应商等信息;运营阶段的 BIM 模型需要有操作指南、故障处理流程、开启步骤、关闭步骤、应急操作流程等信息。

2) 基本规定

(1) 单位。以毫米作为模型单位,涉及总图专业和 GIS 地理信息系统的模型采用米作为单位,并在交付时附明确说明。

(2) 项目位置设置。为了反映项目真实的地理位置并获得相应的场地与气象数据,便于设计过程中进行场地以及性能化的分析,模型中应准确地录入项目的地理位置信息。

(3) 项目基点设置。项目基点定义的是本项目单体坐标系的原点(0,0,0),用于在场地中确定建筑的位置与其他建筑间的相对关系。

(4) 模型数据组织。建议各团队在模型化过程中预留必要的用于分析、检查、审阅等的二维视图、明细表和局部三维模型视图,例如单体与地下空间接壤的局部三维视图、与正式图纸对应的图纸视图、分区分析视图等,并在模型交互时附明确图文说明。

(5) 信息分类。模型信息是 BIM 模型中建筑构件所具有的工程属性。模型信息与模型相关联,以数据库的方式存储,并且可以被查阅、调用、修改。

2. 技术标准

模型深度等级共分五级,分别为 L1~L5,深度要求如表 1-4 所示。

表 1-4 模型深度等级要求

深度级数		描述
L1	方案设计阶段	具备基本粗略的尺寸和形状,包括面积、体积、位置等非几何数据
L2	初步设计阶段	近似几何尺寸、形状和方向,能够反映物体本身大致的几何特性。主要外观尺寸不得变更,细部尺寸可调整,构件宜包含几何尺寸、材质、产品信息(例如电压、功率)等
L3	施工图设计阶段	物体主要组成部分必须在几何上表述准确,能够反映物体的实际外形,保证不会在施工模拟和碰撞检查中产生错误判断,构件应包含几何尺寸、材质、产品信息(例如电压、功率)等。模型包含信息量应涵盖施工图设计完成时的 CAD 图纸上的信息量
L4	施工阶段	详细的模型实体,最终确定模型尺寸,能够根据该模型进行构件的加工制造,构件除包括几何尺寸、材质、产品信息外,还应附加模型的施工信息,包括生产、运输、安装等方面
L5	竣工提交阶段	除最终确定的模型尺寸外,还应包括其他竣工资料提交时所需的信息(资料应包括工艺设备的技术参数、产品说明书/运行操作手册、保养及维修手册、售后信息等)

3. 硬件标准

以下标准为本书软件所需硬件的参考标准,其他软件所需硬件标准参考各自软件厂商建议(表 1-5)。

表 1-5 模型深度等级要求

适用人员	BIM 高端移动工作站(实施方)	BIM 高端工作站(实施方)	辅助设计、绘图中端工作站(业主方)	数据管理移动工作站(业主方)
推荐型号	主频 2.5 GHz 以上	主频至 3.5 GHz 以上	主频至 3.5 GHz 以上	主频 2.4 GHz 以上
内存	RAM32 GB 以上	RAM96 GB 以上	RAM64 GB 以上	RAM8 G 以上

（续表）

显卡	显存 2 G, 位宽 128 bit 以上	显存 4 G, 位宽 256 bit 以上	显存 2 G, 位宽 128 bit 以上	显存 1 G, 位宽 128 bit 以上
硬盘	750 G 以上	600 GB 以上	450 GB 以上	750 G 以上
显示器	15.6 英寸以上	22 英寸以上	27 英寸以上	15.6 英寸以上
操作 系统	Windows7Pro 64bit OSChinese	Windows7Pro 64bit Low-CostOSChinese	Windows7Pro 64bit Low-CostOSChinese	Windows7Pro 64bit Low-CostOSChinese

4. 网络标准

1）网络中心环境要求

（1）符合国标有关电子设备间的各项标准。

（2）按发热量平衡加适当余量确定工作空调机的容量,并设容量相同的备用空调机,电源取自不同的电源系统,备用空调机采用温度自动控制启动和手动启动并行触发启动机制。任一空调机处于工作状态或备用状态,可由人工任意设定。

（3）防静电地板高度≥250 mm,铺设前地面必须彻底清洁,按有关工艺要求涂刷环保型油漆完全固化,接地系统采用铜材制作,地板下需走线的位置布置走线槽,避免走线零乱。

（4）保证配备的抽湿机和加湿机设备在合适的相对湿度下工作。

（5）中心 UPS 设输入电源失电报警、电池组失电报警和 UPS 故障报警,报警信号送信息中心值班人员。

（6）由于 UPS 的发热量较大,特别要考虑好通风冷却。采用轴流风机正压排风,设双风机,互为备用,出风口设自动关闭的百叶风门,进风口设多层金属网夹 3 层及以上过滤布,避免灰尘大量进入,造成设备故障。

2）网络安全设计

（1）交换机要具有控制台的口令和登录权限的控制,支持 5 种级别的访问：ReadOnly,Layer2Readwrite, Layer3Readwrite, Readwrite, Readwrite(all),每种级别的访问权限依次提高,可以通过不同的口令限制进行保护。

（2）访问数据包/帧的源地址(IP 地址、MAC 地址)限制。

（3）通过设置访问控制列表,限制网段或单个主机队网络设备(交换机)的访问。

（4）TCP/UDP 端口限制,对关键应用进行保护。

（5）网络的隔离,主要在三层交换机上通过访问控制列表队不同网段之间的访问进行限制、对网段之间(或主机之间)的访问方式(如 telnet,ping,ftp 等)进行限制、对网段之间的路由进行限制;同时也可以在二层交换机上通过 VLAN 进行隔离。

5. BIM 技术应用软件标准

BIM 技术应用的软件标准如表 1-6 所示。

表 1-6　　　　　　　　　　　　　　　软件标准

项目协同管理平台 Project Wise	设计阶段	成果表现	Navisworks
			3ds max
			Maya
			Lumion
		可持续设计	Ecotect
			GBS
			PKPM
			IES
		结构分析	Etabs
			Robot
		设计协调	Navisworks
		精细化设计	Rhinoceros
			Catia
			AutoCAD,天正软件
	施工阶段	三维管线综合	Navisworks
		施工现场管理	Navisworks
		预制件加工	Inventor
			Revit
		四维施工模拟	广联达
			Navisworks
		施工方案优化	Navisworks
			Inventor
			3ds max
	运营阶段	设备管理	
		物业管理	
		运营方案优化	
		应急预案	

2 后世博大型建筑群体数字化协同设计难点

后世博央企总部基地项目具有空间跨度大、项目参与方多、项目性质复杂、项目功能全面、涉及专业广，同时具有工程量大、投资多，技术复杂，时间紧迫，质量要求高等特点，其具有与普通项目不同的特性，给项目协同设计管理带来了很多新的挑战。后世博央企总部基地项目建设阶段设计方面主要难点有如下几方面：

（1）超限设计多。后世博央企总部基地街区作为 28 栋建筑的建设场地，具有小街坊、高密度、立体集约等特点，导致项目空间十分紧凑。保证了必要的公共服务空间后，建筑如何满足消防、流线、绿化等规范要求仍是一个难题。

（2）超级地下工程。地下部分由世博发展集团统一实施开发，被称为距离黄浦江最近的"超级地下工程"，这里开挖边界距离已建成的地铁 13 号线仅 10 m，开挖深度则达到 11～20 m，最深处比地铁车站还要深，最终把 28 栋建筑的地下空间相互连通，并通过联络通道与周边地铁车站、世博轴、世博展览馆、世博酒店及中国馆等工程地下空间连通。

（3）全绿色园区。世博地区将全部按照绿色二星及以上标准设计和建设。后世博央企总部基地内已经有 70% 的建筑按照三星标准设计，其中 4 栋建筑按照 LEED 标准设计，实现了"四统一"及绿色低碳的目标。

（4）工程周期短。超大项目群普遍遇到的问题就是时间紧、建设周期短。因此设计必须少走弯路，尽快落实，尽量不要出现"错、漏、碰、缺"等设计失误，尽量减少后期设计过程中的设计变更。

（5）协同要求高。因为整个后世博央企总部基地共有近 20 个设计团队共同参与项目设计，任何总控设计修改都有可能涉及几个设计团队的设计内容，团队间的相互协同工作难度大。

（6）协调工作重。后世博央企总部基地由分属 13 家央企的 28 栋建筑构成，在实际工作过程中经常遇到公共区域的权属分割问题、成本分摊问题、各建设方意见不统一的情况等。

针对以上困难,作者团队展开后世博大型建筑群数字化协同设计相关研究,包括制定统一的信息模型标准,探索研究大型、复杂项目群的多元设计方法,开展大型项目群体 BIM 应用标准研究、超大项目群基于 GIS 和 BIM 的总体规划研究、超大项目群性能模拟仿真设计技术研究、超大项目群工程量与造价数据共享研究、搭建设计子平台等。

2.1 基于地理信息系统 GIS 和 BIM 的动态整合

2.1.1 空间与时间的整合

确保后世博央企总部基地项目的平稳实施需要有海量数据支持,并配以数字化管理平台,将地理信息系统 GIS 技术与 BIM 技术结合,构建基于 GIS 和 BIM 的动态总体规划管理平台,以最先进的技术手段和工具辅助项目总体规划与协调。通过建立统一的硬件架构、网络交互拓扑及应用架构,整合地块的遥感、航测数据及地块内建筑信息模型数据,形成面向整个项目群区块、建筑集合地块及建筑单体对象的多维信息管理平台,使该信息全集平台能为要素分析和管理提供完整而实时的数据支持,实现对该地块的多目标开发和规划,包括总体规划、建设用地适宜性评价、建设方案与规划的协调性评价、环境质量评价、道路交通规划、公共设施配置等。同时,平台通过与各协同面的实时交互接口,实时获取各协同面的实时更新信息,通过规划信息与实时实施信息、管理信息的交汇碰撞,形成规划与进展跟踪的动态同步平台,使超大项目群各建设单位规划设计能在异步推进中避免彼此的冲突。

2.1.2 动态总体规划管理

动态总体规划主要从 GIS 数据采集、分析研究和后世博大型项目群体 BIM 总体规划应用分析两方面展开,动态总体规划管理技术路线如图 2-1 所示。

2.1.3 GIS 数据采集和分析研究

要实现基于 GIS 技术和 BIM 的动态总体规划管理,GIS 数据与 BIM 结合,形成一个对于园区开发工程规划的全面管理。然而,GIS 数据种类和数量庞大,为提高开发中存储、处理和使用的效率和质量,首先要对平台中的 GIS 数据进行采集和分析。

GIS 数据主要是面向世博园区 B02,B03 地块,GIS 数据类型包括卫星影像和数字高程模型、数字正射影像图等。结合项目实际需要,GIS 数据采集从地图数据(矢量数据)、遥感

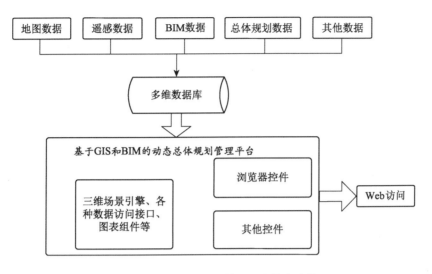

图 2-1 动态总体规划管理研究技术路线

数据和 DEM 数据这三种数据着手进行。

1. 地图数据

采集的地图数据是矢量数据,是以矢量数据结构存储的空间数据,通过将现实中的地理实体抽离出来,以点、线、面等表示其空间位置、形状。GIS 数据采集参照业主方提供的相关规范文件和世博园区 B02, B03 地块央企总部《设计导则(C 版)及统一技术措施》,对 B02,B03 地块的公共区建筑图纸(CAD 图纸)进行处理,从中提取出可用的基本信息,如图 2-2、表 2-1、表 2-2 所示。

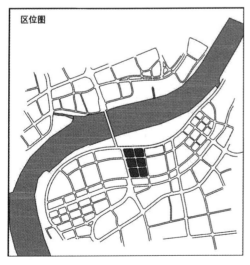

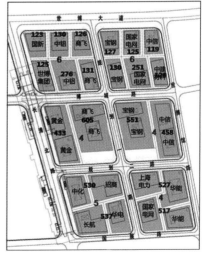

图 2-2 世博园区 B02,B03 地块区位图

表 2-1 地块控制指标一览表

编制地区类型	街坊编号	用地编号	用地面积/m²	用地性质代码	混合用地建筑量比例	容积率	建筑高度/m	配套设施	规划动态
重点区域	B02A	01	1 402	G1	—	—	—		规划
		02	3 525	C8	—	3.5	50		规划
		03	3 715	C8	—	3.5	50		规划
		04	3 590	C8	—	3.5	50		规划
		05	3 579	C8	—	3.5	50	含商业及文化娱乐设施	规划
		06	5 515	C8	—	5.0	70	含商业及文化娱乐设施	规划
		07	3 756	C8	—	3.5	50	含商业及文化娱乐设施	规划
	B02B	01	3 624	C8	—	3.5	50	含商业及文化娱乐设施	规划
		02	3 578	C8	—	3.5	50		规划
		03	3 386	C8	—	3.5	50		规划
		04	3 717	C8	—	3.5	50	含商业及文化娱乐设施	规划
		05	5 028	C8	—	5.0	70	含商业及文化娱乐设施	规划
		06	3 428	C8	—	3.5	50	含商业及文化娱乐设施	规划
	B03A	01	1 449	G1	—	—	—		规划
		02	8 666	C8	—	5.0	70	含商业及文化娱乐设施	规划
		03	10 997	C8	—	5.5	120	含商业及文化娱乐设施	规划
		04	2 607	G1	—	—	—		规划
	B03B	01	10 010	C8	—	5.5	120	含商业及文化娱乐设施	规划
		02	2 405	G1	—	—	—		规划
		03	9 163	C8	—	5.0	70	含商业及文化娱乐设施	规划

(续表)

编制地区类型	街坊编号	用地编号	用地面积/m²	用地性质代码	混合用地建筑量比例	容积率	建筑高度/m	配套设施	规划动态
重点区域	B03C	01	1 420	G1	—	—	—		规划
		02	4 714	C8	—	6.0	70	含商业及文化娱乐设施	规划
		03	5 877	C8	—	4.0	50	含商业及文化娱乐设施	规划
		04	5 295	C8	—	3.0	50		规划
		05	5 452	C8	—	7.5	120		规划
	B03D	01	4 992	C8U	—	3.0	50	含商业及文化娱乐设施;含能源中心	规划
		02	6 096	C8	—	6.0	70		规划
		03	5 493	C8	—	7.5	120		规划
		04	4 309	C8	—	3.0	50		规划

注:C8 为商务办公用地,G1 为公共绿地。

表 2-2 图层信息表

图层名称	数量/个	要素类型	备注
规划地块	29	面状	
街坊	6	面状	
规划建筑	27	面状	
公共绿地	5	面状	
道路中心线	6	线状	其中 4 条已有道路;2 条规划道路

2. 遥感卫星影像数据

卫星地图是卫星拍摄的地球表面真实的面貌,可用来检测地面的信息,并可以更直观地了解到地理位置、地形等信息,也可以指导城市规划建筑开发。通过网络收集比较了几家主要的地图网站提供的卫星遥感地图。图 2-3 显示的是 2010 年 2 月至 2011 年某地的卫星遥感数据。

图 2-3　2010 年 2 月至 2011 年某地的遥感数据

3. 数字高程数据

数字高程模型(Digital Elevation Model, DEM),可以反映局部区域的地貌及地表起伏情况。DEM 描述的是地面高程信息,除了可以进行相关的地形分析,如工程建设的土方量计算、通视分析,在防洪减灾方面进行水文分析等,还可以对地表形态进行三维展示。

DEM 数据可以通过下载相关 SRTM 数据获得。航天飞机雷达地形测绘服务(Shuttle Radar Topography Mission, SRTM)是由美国国家航空航天局,又称美国国家航空和太空管理局(National Aeronautics and Space Administration, NASA)和美国国家地理空间情报局(National Geospatial-Intelligence Agency, NGA)联合测量。NGA 的前身是美国国家影像与制图局(The National Imagery and Mapping Agency, NIMA),NIMA 后来更名为 NGA,反映了美国测绘科技从传统影像制图发展到对地理空间信息的快速获取与监测。

SRTM 数据每经纬度方格提供一个文件,根据上海的地理位置(东经 120°51′～122°12′,北纬 30°40′～31°53′),下载了涵盖上海市的 SRTM 数据。数据下载的相关参数如图 2-4、图 2-5 所示。

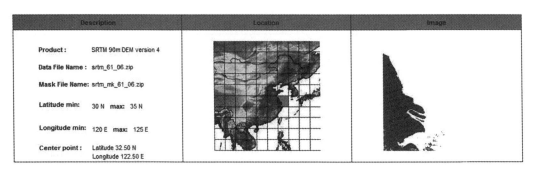

图 2-4　将 SRTM 数据载入 GIS 专业软件中进行分析

图 2-5　DEM 数据及相应高程的颜色设置

　　在得到相应的 GIS 数据后,在与 B02, B03 地块项目现场工作人员沟通和咨询后,结合相关的 CAD 数据进行分析处理,提取出了规划地块及规划建筑等信息,形成的矢量地图如图 2-6 所示。

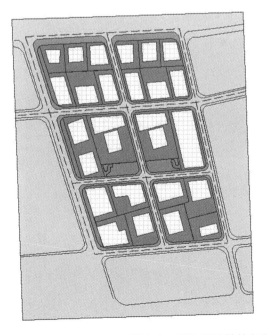

　規划建筑@shiboData
　公共绿地@shiboData
　规划地块@shiboData
　其他边线@shiboData
　地块临界@shiboData
　道路中心线@shiboData
　背景@shiboData

图 2-6　B02, B03 地块矢量地图

矢量图和遥感图像、DEM 数据叠加的结果如图 2-7 所示。

图 2-7　矢量图和遥感图像、DEM 数据叠加图

将数字高程数据覆盖上海和周边省份区域,结果如图 2-8 所示。

图 2-8　数字高程数据覆盖图

遥感图像与规划建筑、规划地块结合形成简单的三维场景,如图 2-9、图 2-10 所示。

图 2-9　遥感图像与规划建筑结合

图 2-10 遥感图像与规划地块结合 3D 模型

不同高度建筑以不同颜色标识,如图 2-11、图 2-12 所示。

建筑高度

　<50 m

　50~70 m

　>120 m

图 2-11 建筑高度区分

图 2-12 规划地块信息示意

通过相关软件的数据合成以及分析可以得出,规划地块的 BIM 信息整合到 GIS 系统中是完全可行且实施的效果是可以预见的。GIS 地图的数据包含遥感地图数据,该数据主要用于形象化展示规划地块的地理信息。同时,矢量地图的数据也必不可少,矢量数据用于精确定位地图位置,DEM 数据反映局部区域的地貌、地表起伏情况。通过 GIS 数据的采集和分析研究,能准确获得规划地块的地理信息,从而建立高精度的研究平台,为基于地理信息系统 GIS 和 BIM 的动态总体规划管理平台提供数据支持。

2.1.4 大型项目群体 BIM 总体规划的关键

根据大型项目群体规划特征,结合 GIS/BIM 管理平台的后台数据支持,考虑项目总体规划的相关要求和流程,进行基于 GIS 和 BIM 的动态总体规划。

首先将收集到的规划成果以矢量数据的形式存储在 GIS 数据库中,并添加各自地块相应的规划成果指标(如地块容积率、建筑密度等),当用信息识别功能或查询属性表时可以清楚地看到相应的规划指标。而 BIM 平台则是对收集到的建筑方案进行建筑信息模型建模,从 BIM 中可以获取具体建设方案的具体数据(如总的建筑面积等,经过一定处理后可以换算成容积率等信息)。GIS/BIM 交互平台以 GIS 平台为基础,在规划成果中加入建设项目方案的信息或用一个矢量多边形表示建设方案,当选取该建设方案后,可以切换至 BIM 平台,在 BIM 平台中获取需要的相关建设项目信息,然后再与 GIS 中相关的字段信息或者规划文本中的相关信息进行对比,并通过弹出对话框显示协调性评价结果。

1. 总体规划

总体规划是对一定时期内城市性质、发展目标、发展规模、土地利用、空间布局以及各项建设的综合部署和实施措施。其内容包括:用地的发展布局,功能分区,用地布局,综合交通体系,禁止、限制和适宜建设的地域范围,城市近期建设规划,各类专项规划等。总体规划编制从工作阶段上可以分为总体规划编制的前期工作(包括基础资料的收集与调研、前期研究以及提出进行编制工作的报告)、总体规划纲要的编制和总体规划技术成果的编制三个阶段。基于 GIS/BIM 管理平台的成果展示阶段主要是应用 GIS 技术对总体规划的各项成果进行可视化展示。具体操作方法及流程如图 2-13 所示。

规划成果的可视化实现阶段主要是运用 BIM 技术在 ArcGIS 中将总体规划的成果进行数字化实现。具体的实现既可以采用多个地图文件也可以采用一个地图文件。采用一个地图文件就需要将各个总体规划的成果分别放在不同的数据框架中,每个数据框架中又根据不同的规划内容设置不同图层要素(如点、线、面等)。

2. 建设用地适宜性评价

建设用地适宜性评价是在调查分析城市自然环境条件的基础上,按照生态系统、城市规划与建设的需求,对土地的自然环境进行土地使用功能、工程建设的适宜程度以及城市建设

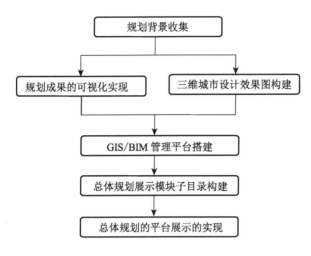

图 2-13 总体规划流程图

的经济性与可行性评估,其作用是为城市用地选择和用地布局提供科学依据。

建设用地适宜性评价的成果包括图纸和附件两部分。该评价在 GIS/BIM 管理平台的成果展示阶段主要是应用 GIS 技术对建设用地适宜性评价成果进行可视化展示。具体操作方法及流程如图 2-14 所示。

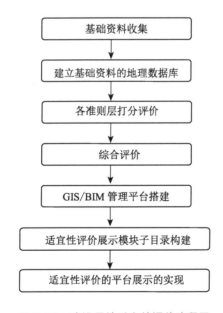

图 2-14 建设用地适宜性评价流程图

基础资料收集和地理数据库的建立是对后世博园区与适宜性评价相关基础资料的收集,包括工程地质资料、水文地质资料及气象资料等,将这些资料内容数字化并保存至地理数据库中,以清晰的数据资料展示规划范围内的地理现状。

各准则层打分评价是对已有的基础资料按照不同的准则进行评价,通常分为工程地质评价、水文地质评价、气候条件评价、地形地貌评价等,对各个准则层进行加权叠合,得到建设用地适宜性评价的最终结果。最终,将地理数据库构建、各准则层打分评价以及综合评价的结果在 GIS/BIM 管理平台中展现与应用。

3. 建设方案与规划的协调性评价

建设方案与规划的协调性是指在一定时间、空间、资源环境和社会经济领域内,建设方案与规划方案要求相一致和互相促进的程度,包含建设方案与规划的相容性和互动性两个内涵。前者反映建设方案与规划之间的静态关系,后者体现为建设方案与规划之间通过一定的协调手段,彼此调整、相互适应,达到相容的动态关系。结合本项目的 GIS/BIM 管理平台,建设方案与规划的协调性评价在该平台的具体实现如图 2-15 所示。

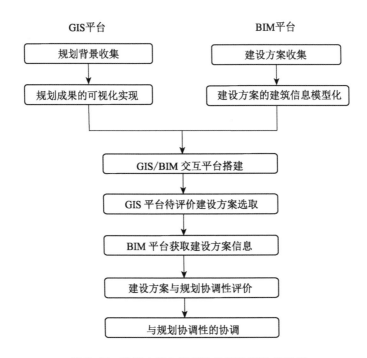

图 2-15　建设方案与规划的协调性评价流程图

4. 环境质量评价

环境质量评价是按照一定的评价标准和评价方法,评估环境质量的优劣,预测环境质量的发展趋势和评价人类活动的环境影响。环境质量评价是一种有方向性的评定过程,该过程包括环境评价因子的确定、环境监测、评价标准、环境识别等内容,是对环境素质优劣的定量评述。应用 GIS/BIM 管理平台进行环境质量评价流程图如图 2-16 所示。

BIM 模型可以提供建设项目相关信息,包含建设规模(包括建设项目的名称、建设性质、占地面积、土地利用情况等信息)、污染物排放量清单(列出各污染源排放的污染物种类、数量、排放方式和排放去向)、建设项目采取的环保措施(说明建设项目拟采用的治污方案、

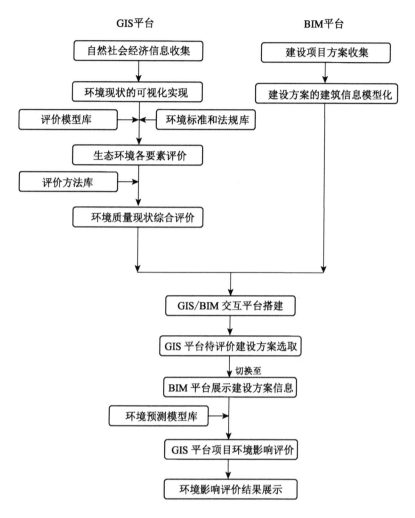

图 2-16   环境质量评价流程图

工艺流程、主要设备、处理效果、排放是否达标,投资及运转费等)。GIS 数据可以为环境质量评价(包括环境质量现状评价、环境影响评价)以及基本环境信息进行展示。首先需要收集自然社会经济信息建立地理数据库,然后通过 GIS 进行现状展示,结合相应的环境法规和标准,运用一定的评价模型(比如大气评价中的高斯扩散模型等)对各个环境要素进行单独评价,通过 GIS 数据显示每个环境要素的现状。

通过 GIS/BIM 管理平台选择项目环境影响评价指标,对相应预测模型进行评价,从而得到环境影响评价结果。

5. 道路交通规划

城市交通规划是经过交通现状调查,预测未来在人口增长、社会经济发展和土地利用条件下对交通的需求,制订相应的交通网络形式,并对拟定的方案进行评价,对选用的方案编制实施建议、进度安排和经费预算的工作过程。其目的是为城市居民的交通行为进行合理交通设施配置,改善和优化城市交通条件,并创造良好的城市环境。应用 GIS/BIM 管理平台进行道路交通规划的流程图如图 2-17 所示。

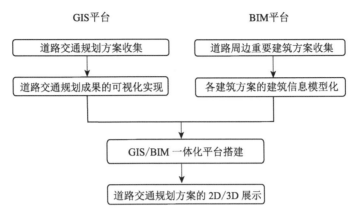

图 2-17　道路交通规划流程图

利用 BIM 模型对道路周围的重要建(构)筑物进行重构,并通过一定的技术使 GIS 和 BIM 的建筑模型能够在同一个平台上展示,将规划指标与模型参数进行对比,从而得出道路规划结果。

6. 公共设施配置

公共设施即公共服务设施是保障生产、生活的各类公共服务的物质载体,主要根据城市总体规划、分区规划要求,结合规划用地的具体要求和未来发展需要,对每个项目进行"定性、定量、定位"的具体控制。应用 GIS/BIM 管理平台进行公共设施配置的流程图如图 2-18 所示。

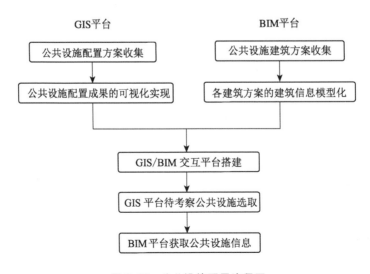

图 2-18　公共设施配置流程图

利用 BIM 对公共设施建筑方案进行建模,并通过一定的技术使 GIS 和 BIM 的建筑模型实现交互操作,从 GIS 图层中拾取要考察的公共设施,并对 BIM 模型中相应公共设施的建筑信息以及服务能力等信息进行评价。

7. 总体规划评级工具

根据上述基础性研究工作,基于 GIS 和 BIM 的动态总体规划管理平台截图如图 2-19、图 2-20 所示。

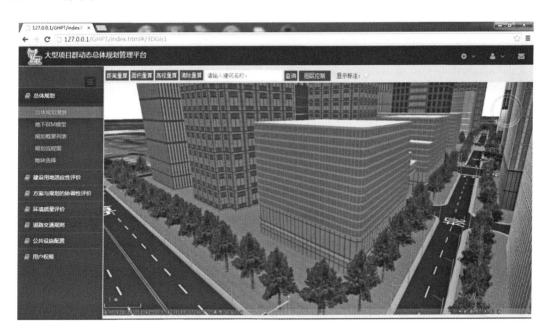

图 2-19　总体规划管理平台主页面

图 2-20　总体规划评价模块

2.2 基于 BIM 的总控设计

2.2.1 总控设计工作要点

所谓设计总控,就是整体把控项目进程,在控制性详规(以下简称"控规")和单项设计之间搭接桥梁以保证各单项项目协调推进,并由此引出城市设计导则。城市设计导则是设计总控开展的基础,也是各单项开展设计共同遵守的"设计规则"。通过城市设计方案,让原本抽象甚至数据化的城市规划能够具象或图形化,然后梳理出其中要点转换成城市设计导则。

在项目推进过程中,根据项目基本情况,一方面将控规提出的各项要求落实落地,寻找规划理念与单体项目需求共赢的策略;另一方面由于控规的超前性和局限性,往往难以满足消防、交通、绿化等各政府主管部门的各项常规要求,需要总体考虑综合平衡;同时还要协调解决各单项间的对接、配合问题。因此须由一家独立的总控单位,完成项目各项总体控制、协调工作,并为边界问题提供合理的总控设计方案。正是由于以上这些特点,基于 BIM 的多元设计协调在整个央企总部基地项目中发挥的作用至关重要。

在本项目实践过程中,总控设计单位需要把影响社区的各个元素——"串"起来,串联的途径就是总体设计思路和 BIM 技术。后世博央企总部基地设计总控工作主要包含以下几方面。

(1)确定各设计团队工作界面。后世博央企总部基地的设计就像拼合积木,多个设计院分工设计好各自的区域,不能出现空白区,也不能重叠,最后再将设计成果 BIM 模型整合起来。

(2)制定总体设计导则和 BIM 工作指南。在子项进行具体设计前,设计总控团队为业主制定了一个设计导则,上海现代建筑设计集团信息中心协作业主制定了 BIM 工作指南。导则中为单体设计提供了一个大致的框架。设计指南对 BIM 的建模规则、流程、应用等做了详细定义,确保 28 栋建筑 BIM 模型基于同一个标准进行设计。

(3)设计协调与配合。设计总控一方面对于一些突破设计规范或现实情况下操作性较差的修改意见,亦会及时提醒,并要求案例设计方进行调整。另一方面对于案例设计中遇到的困难,设计总控则以专业意见进行引导,并帮助协调提供便利条件。

2.2.2 总控设计的八个基本方面

1. 整合协调

通过 GIS 平台进行 BIM 模型整合——在每个阶段的方案制定过程中,以 BIM 为载体,充分协调各方利益、各方规范,由政府或建设开发主要部门组建开放性的总体设计与协调过程,提出将各种最不利因素降至最低、公共利益最大化的优化方案,并随着工作阶段的推进而灵活推进。整体协调思路如图 2-21 所示。

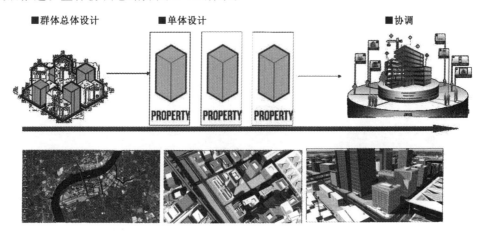

图 2-21 整体协调思路

2. 规划控制

通过 GIS 开展总体设计工作,在 GIS 平台上绘制出 6 个街坊的外围建筑主体,严格遵循建筑控制线。在 GIS 对周边环境和城市肌理研究的基础上,确定方正连续的街区建筑立面,设计 12 m 高的建筑底层控制线,塑造人性化界面。临街的建筑入口的标志性构筑物一般控制在 6.5 m 高,产生近人尺度。整体规划控制如图 2-22 所示。

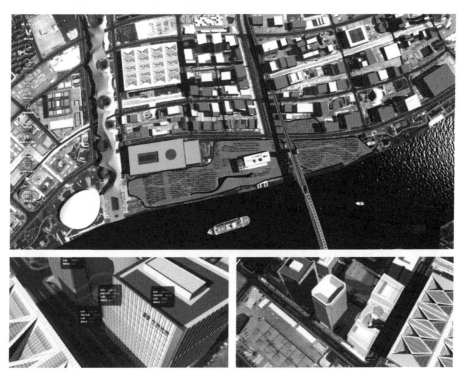

图 2-22 整体规划控制

3. 动线模拟

项目群以办公为主,辅以商业和服务业。办公人群流动时间在 9:00—17:00,商业人群流动时间在 10:00—23:00。通过 BIM 结合人工智能(Artificial Intelligence,AI)实现虚拟动线模拟,重点具体分析"共享枢纽大厅"的流线、垂直交通的效率等,如图 2-23 所示。

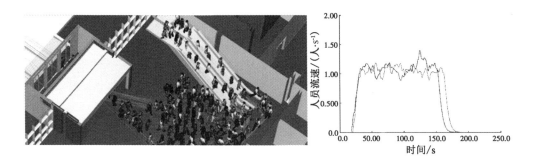

图 2-23 动线与人流疏散模拟

4. 停车场管理系统

项目拥有 6 000 多个位置的整体大环通地下车库,通过 BIM 进行全盘统筹,智能管理规划,对车行交通和停车进行模拟,优化出入口大小和位置,实现不同单位通过区域停车平衡,停车场、车道出入口高效集约。基于 BIM 开发地下车库系统,实现地下车库智能化管理,单体建筑的停车场管理系统与综合管理指挥平台进行数据交换,实现实时车位显示和区域引导、移动收费,提高地下车库使用效率,在高峰期减少无效交通,迅速疏散车辆。

5. 消防空间共享

基地建筑密度高,空地少,与消防规范存在冲突:消防规范要求各高层建筑的底边至少有一个长边或周边长度的 1/4 且不小于一个长边长度设置消防车施救面,相应施救面设计消防登高场地;围绕各单体建筑需确保消防车畅通,同时消防单位否认了单体建筑紧邻的市政道路兼用作消防登高场的可能。在详细分析消防扑救的技术要求后,在 BIM 技术验证的基础上,提出相邻建筑共用消防应急环路、共用消防登高场地的策略,将地面消防应急设施整合,减少建设成本,集约建设用地。设计方案通过 BIM 进行模拟和技术评审,得到了项目业主的支持和相关政府主管部门的认可,消防性能化模拟如图 2-24 所示。

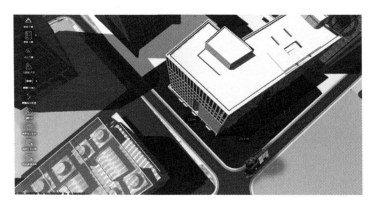

图 2-24 消防性能化模拟

6. 绿化布置优化

由于本项目高密度的现状,难以实现绿化规范要求各独立项目的地块绿地率大于20%。经过总体平衡计算,明确各地块的绿地率指标,为弥补总体绿地率的不足,单体建筑确保不小于30%的屋顶绿化作为绿化补充。此外,通过BIM进行植物配置分析与优化,提高树苗栽植的存活率,同时将苗木与小市政进行协调,绿化布置优化如图2-25所示。

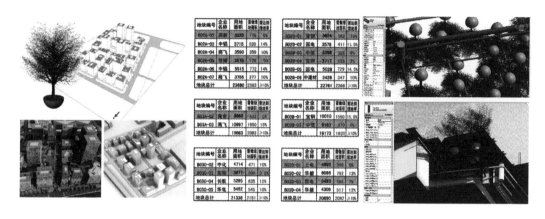

图 2-25 绿化布置优化

7. 管线协调策略

通过BIM实现各单体自身的管线设计合理性,并最终实现总体管线和小市政接口衔接。项目通过将管线设计成果整合到GIS平台,进行大范围的管线协调策略,市政管线协调如图2-26所示。

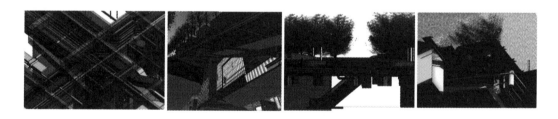

图 2-26 市政管线协调

8. 公共地下空间三维协同工作

世博园区会展及其商务区B片区地下空间的开发贯彻了"四统一"的基本原则,即"统一规划、统一设计、统一施工、统一管理"。将地下空间开发利用与城市建设、经济建设、市政交通设施、城市抗灾救灾以及人防工程建设相结合。因此,控制各地块地下空间设施规模、开发层数,地下空间的布局以及与轨道交通的对接接口、预留通道、公共设施的设计就显得十分重要。

一般在项目设计过程中单体项目受限于平台及技术手段,在设计协同上无法达到完全一致,在坐标、专业及功能方面的协同上,均可能会存在异步的问题。坐标异步,可能造成不同单体建筑的地下空间交接区域出现较大的误差,亦可能影响市政管线布置;各专业沟通不足或者疏忽可能会造成地下空间之间可能的设备管线冲突,功能空间流线未达到最优化设计。通过全三维协同设计,可以有效避免冲突,并提升复杂地下空间的工作效率,地下空间协调如图 2-27 所示。

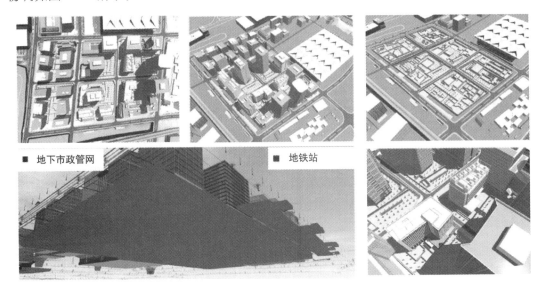

图 2-27　地下空间协调

2.3　超大项目群性能模拟仿真设计技术建设

2.3.1　基于 BIM 的设计性能化分析

大规模建筑群的性能化分析不能脱离周边环境,孤立地对单体进行研究。在宏观环境及外力影响下,单体项目势必会存在不确定性干扰。常规性能化分析多以项目单体为主,难免会出现分析结果偏误,导致顾此失彼,缺乏系统性、宏观性。

传统二维技术所主导的项目决策中,生态数据成果的多样性难以被设计师合理地利用,建筑师不能直观进行决策,甚至跨专业的数据成果需要多次交流。根据美国 LEED 评估的统计资料,这个阶段的数据误差在 30%~50%。

在本项目中通过 BIM 与 GIS 技术相结合,精确地再现了整个世博片区的地理信息和建筑群,包括建筑、公共设施、道路、水体等为性能模拟提供了前提条件。项目群的集群性能仿真分析,避免了单体分析局限性的同时,提升了项目群性能仿真分析的可靠度,为优化设计提供了有效手段,为项目群的总体性能整参数提升提供可靠保障。分析遵循从群体到单体,再从单体到群体的逻辑,通过设计—分析—再设计的流程形成了交互式性能优化设计,真正意义上优化设计成果,提高了设计的品质。为全园区实现二星以上的绿色建筑目标提供了有力技术支持。

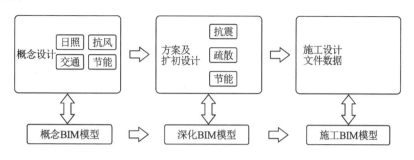

图 2-28 基于 BIM 的设计性能化分析

2.3.2 性能化设计技术策略

1. 优先进行被动式设计

后世博央企总部基地项目优先采用空间规划、设计、组合等建筑设计方法来改良和营造适宜的绿色活动环境。通过设计结合气候、周边环境降低建筑不必要的能耗,同时降低了额外的运营成本。采取这种方式进行设计可以强化绿色建筑风格的地域性倾向,避免了绿色建筑同质化的情况。

2. 适当实施主动式技术

被动式设计往往是绿色技术的先决条件,而主动式技术是对被动式设计的补充,二者相辅相成。绿色建筑的评价标准对二者都有控制指标,避免主动式设计的过度应用带来的浪费与高能耗。当前常见绿色建筑评估控制的主动式技术主要集中于节水、节材以及节能,具体表现为绿色建材利用、水体使用方式、实施的运行状况等。

3. 协同工作流程

当前绿色建筑的设计过程依托于传统设计线性的组织流程,各个环节绿色分析成果回馈给建筑师,建筑师处理单一问题便回馈设计方案,其过程重复多次。此外,在绿色建筑的概念及方案环节,绿色建筑工作人员由于实践活动的属性不能确定建筑相关工艺的全部信息,只考虑空间布局等被动式设计要点,而主动式技术的构思与规划将在后续的工作中统筹调节绿色建筑的设计问题,避免建筑技术与设计方案冲突,而传统的工作方式仅在开始绿色设计时高效进行,在众多设计要点与技术要点的修正下可能阻碍绿色建筑的实践工作,这种按时间线性顺序的设计流程无法充分支持每个分离的设计阶段得到最佳的绿色设计成果。

将传统设计流程整合为 BIM 的工作过程是一个灵活的、动态的、开放的过程模式。绿色建筑的项目实践进程将各个环节视为一个以族库为中心的集成化工作模式,有效地缩短了绿色建筑设计周期。从各专业配合的横向工作看,建筑、结构、MEP 需要以绿色建筑设计要点为中心,以科学有效的方式提升各个环节的工作质量,BIM 协同设计提高了工作效率,是传统建筑设计难以承担绿色内容的解决方式,如图 2-29 所示。

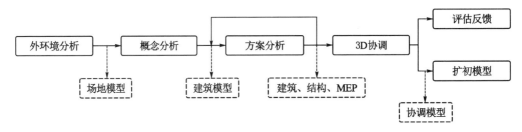

图 2-29 基于 BIM 的设计性能化分析流程

2.3.3 性能化分析的案例

1. 基于 BIM 的性能化分析总体框架

基于 BIM 技术的性能化模拟体系是以 BIM 模型及相关分析软件为基础,统筹考虑气候、环境、项目条件等诸多问题,建立场地微环境模拟和分析平台,并以此评估结果对建筑决策阶段成果进行修正并对建筑空间布局进行调控。

以绿色建筑性能化分析为例,其生态条件模拟总体来说分三步进行:第一,按照绿色建筑对节约用地与外环境指标的控制要点梳理相关生态数据,以场地所在区域为准,尽量做到数据收集的完备性。第二,对生态数据归纳并整理成软件分析所需参数,输入到 BIM 技术相关分析软件得出对应的成果。第三,结合绿色建筑项目的需求,调整生态分析的成果形式,包括三维文件或图纸,甚至视频。如图 2-3 所示。

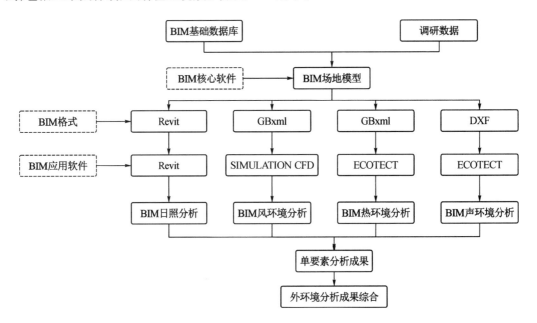

图 2-30 基于 BIM 的绿色建筑性能化分析流程

BIM技术与传统模型技术的差别最直观的体现是格式的不同,包含了生态分析所需信息,同时为了提升效率降低计算机的负荷,方便绿色设计环节的内在需求,将气象数据与环境分析结果整合为信息化资料以便分析与提取,并依照可视化平台和总的参数设置进行对比,最后形成参数列表存储在BIM模型中。

BIM的生态模拟分析结果包括二维与三维文件两方面。BIM的二维成果为传统正规的递交文件,优势是可与项目成果汇编直接融合,缺点是只包含分析结果的部分信息。而三维成果可视化表达,方便绿色建筑师与非专业业主及其他参与方全方位考虑,能全面了解绿色建筑前期分析的内容,方便作出决策,并且成果涉及的日照、CFD等分析具有较好的立体感,可以将整个模拟时间段的场地信息展示出来。上海地区气候情况基础信息如图2-31所示。

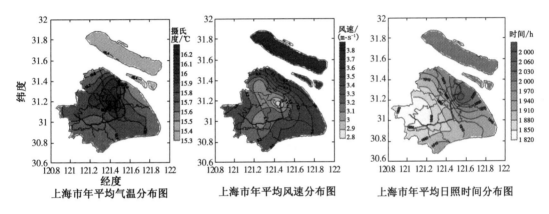

图2-31 上海地区气候情况基础信息

上海的气象环境数据,一方面作为团队设计的切入点,是建筑布局调整与立面设计的基础资料,为达到通风散热、提升室内空气龄的目标,多次调整建筑方案且以最优的形式满足绿色标准的要求;另一方面是计算机模拟需要的参数。月平均风速、年平均风速、温度曲线虽不能准确描述场地的真实状况,但为计算机模拟提供了准确的数据。

2. 日照分析

采用BIM全三维显示,可对建筑物任意立面进行日照分析,计算地面在考虑遮挡情况下的日照时间,并分析建筑物的日照时间段以及被遮挡的时间段。通过模型计算建筑各个立面的日照时间,有利于绿色建筑师考虑外部阴影覆盖与室内空间的光照问题,提出基于Revit的日照分析方法,具体分为三个步骤。

1) 确定日照研究地理位置

地理位置作为影响日照的主要影响因素之一,是在绿色建筑项目的初始就随之确定的,依托BIM技术进行场地日照分析,项目的地点可以通过Revit中内置Google Earth功能进行精确定位。基于BIM的日照模拟如图2-32所示。

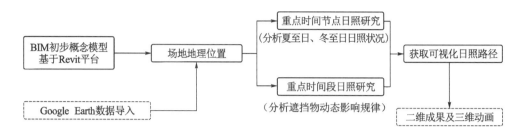

图 2-32 基于 BIM 的日照模拟

2）日照研究内容

日照分析的初衷是处理外部光环境与绿色建筑之间的作用关系，以提出适宜的应对策略，基于 BIM 的日照研究从两个层面对此进行讨论：

（1）研究夏至日、冬至日等重要时间节点的日照状况，以确保绿色建筑在运营中实现有关自然采光的控制要点。

（2）研究以一天或多天为时间段的日照状况，分析该地区在有遮挡情况下光照的动态规律，如图 2-33 所示。

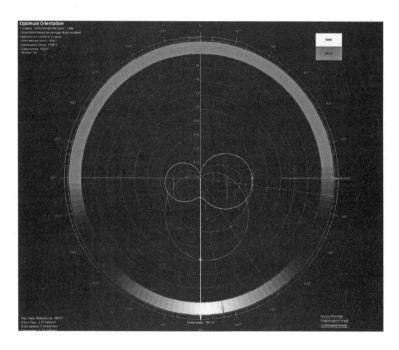

图 2-33 建筑的最佳朝向

3）区域日照分析

对于区域性的日照分析，需通过 BIM 与 GIS 相结合实现。基于 GIS 的日照分析，成果以可视化的形式生动表达，方便建筑师讨论并作出决策。针对重要时间节点，如夏至日与冬至日的日照状况,以模型、太阳位置与阴影覆盖面积为主要内容。针对时间段的日照研究,可以视频的形式表达,记录研究时间范围内动态光照数据。

通过 BIM 平台,呈现的信息模型可便于建筑师进行修改,如尺寸与内部空间的控制。在可视化的平台上,绿色建筑师也可更简洁地更改 BIM 模型。与此同时,及时更新相关数据,也为设计节省了时间并可进行多个方案的日照比对,如图 2-34 所示。

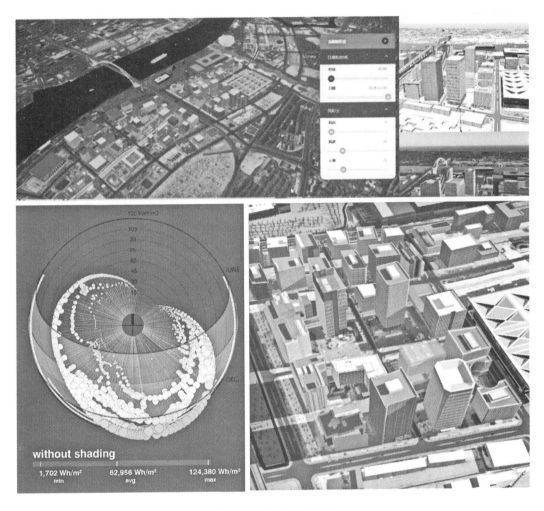

图 2-34 区域日照分析

3. 风环境分析

风速模拟分析主要涉及风是否影响人的使用舒适度,建筑间场地风在经过建筑的阻挡会逐渐减弱,但是可能会在局部形成加强风或涡流风。绿色建筑针对风压的考虑涉及诸多风环境要素,彼此相互影响,需关联考虑风速与风压分析成果,如图 2-35 所示。

上海地处东南沿海,受季风影响明显,浦东新区以东北偏北风较多。季节变化明显,3—8 月盛行东南偏东风,9—10 月盛行东北风,11 月至次年 2 月盛行西北风或偏北风。风的平

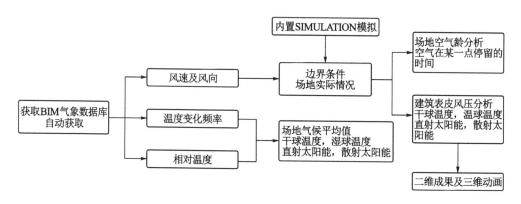

图 2-35　风环境分析

均相对湿度和温度比较适宜,无过冷过湿的情况出现,全年基地的风向综合分析,后世博央企总部基地整体的风速和风压符合设计要求,如图 2-36 所示。

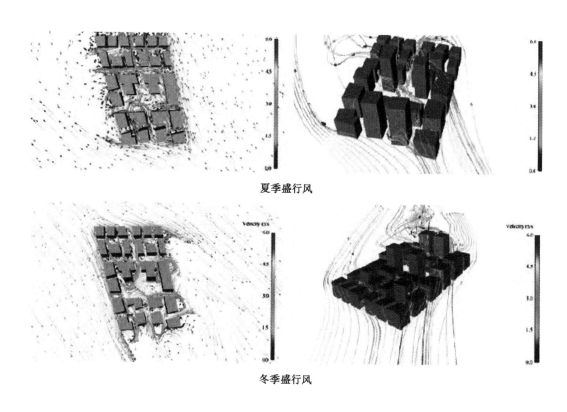

夏季盛行风

冬季盛行风

图 2-36　季风环境分析

4. 声环境分析

通过 BIM 实施声环境模拟的优势在于,建立几何模型后,能够在短时间内通过材质的变化、房间内部装修的变化来预测建筑的声学质量,以及对建筑声学改造方案进行可行性预测。对于后世博央企总部基地项目,通过考虑地势高差、交通量、点声源位置、吸声系数和工作类型等参数,实施 BIM 声环境分析,分析声线的数量与强度直接的逻辑关系,其分析结果以可视化的形式与其他设计要点进行协调,如图 2-37 所示。

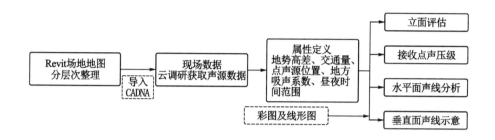

图 2-37　声环境分析

5. 动线与疏散模拟

办公人群流动时间在 9:00—17:00,商业人群流动时间在 10:00—23:00。通过 BIM 结合人工智能实现虚拟动线模拟,重点具体分析"共享枢纽大厅"的流线、垂直交通的效率等。为自动扶梯的选型、数量和位置确定提供决策依据。

灾害场景下的人员疏散是一种非常复杂的群体行为。在模型中综合反映各要素的分布特征及动态变化规律,是对疏散模型进行准确描述的前提。BIM 作为一种对地理空间信息进行采集、存储、编辑、分析、运算、输出的计算机软件系统,可为疏散模型提供必要的空间分析功能,解决相关难点,发挥技术优势。

通过 BIM 实时空间分析过程,生成了疏散路线沿线的火、烟气及人员要素的分布信息。这些信息可以作为疏散路线安全度及效率的判断依据。通过对疏散路线按一定距离生成平行条带状缓冲区,分析缓冲区内火、烟气的分布状况,由此判断出采用该路线进行疏散的风险大小,并对高风险路线(如烟气覆盖比例较高的路线)进行规避。同样,可统计缓冲区内人员的分布状况,对人员进行动态跟踪观察,如发现疏散效率偏低,则放弃该疏散路线。

通过人员疏散试验模拟检测当前疏散效率,如果疏散效率偏低或疏散路径危险度过高时,需对既有策略进行调整,如重新评估疏散路线的安全度与效率、选择备选出口及疏散路线等。策略调整使人员个体可能重新获得较高的疏散效率,也有效避免了模型运算出现死循环的情形。

停车流线模拟如图 2-38 所示。

6. 地震、台风及洪水减灾中的应用

将 BIM 与 GIS 数据进行整合,可以作为地震、台风和洪水减灾分析的基础。在此基础上进行二次功能模块开发,可以实现区域性灾害模拟仿真,如图 2-39 所示。

博城路(东-西)   规划二路(东-西)   国展路(西-东)转到世博馆路（南-北）

图 2-38　停车流线模拟

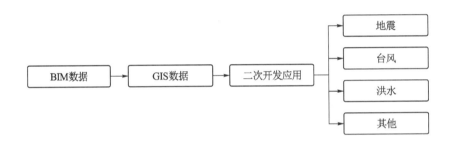

图 2-39　灾害模拟示意

在地震中应用于地震区划和易损性分析、地震损害分析、抗震防灾对策和震后救灾等方面。根据概率地震危险性分析或设定地震得到的对未来地震影响的预测,确定给定目标的地震影响,结合对目标抗震能力的分析,在预测的地震影响下,估计目标可能遭受的破坏,并据此评价地震造成的经济损失和人员伤亡情况。

借助台风灾害评估可以实现台风影响评价,包括致灾因子强度分析,台风灾害预评估,包括灾害损失模型库,台风灾害预评估分析等功能。

对后世博央企总部基地采用 Infraworks 360 和 projectboulder 插件协同 RiverFlow2D,可对洪泛区进行水文数据配置、分析并多角度模拟洪水,如图 2-40 所示。

7. 能耗分析

项目群在方案阶段使用云端计算与分析(Green Building Studio, GBS)进行基于云的绿色分析。在使用 BIM 建造概念模型时,建筑师可以在设计过程中用虚拟建筑模型进行能量分析。启动能量分析功能后,首先进行能量分析设置,其中包括场地地理位置、建筑功能

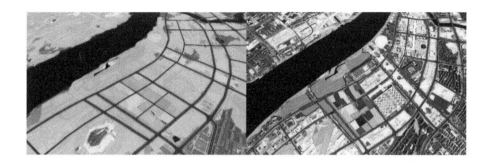

图 2-40 洪水模拟

类型、窗墙比、设备运行时间表、设备参数及类型等内容,如图 2-41 所示。

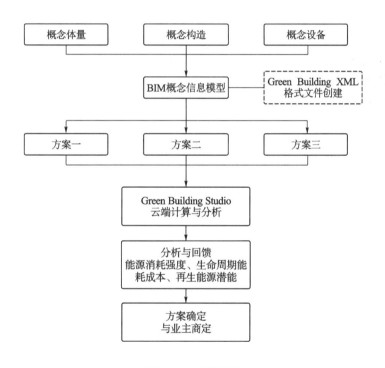

图 2-41 能耗模拟

　　能量分析的内容主要由通选项和可选项进行控制。通选项包括建筑地理位置、建筑类型、楼层信息等,这些条件决定了建筑的外环境与能耗类型。可选项包括概念构造、概念体量模型以及概念建筑设备。通过建筑师对以上方面内容的推敲,利用云计算对建筑的整体能耗进行概算。BIM 中设置好的计算模型自动提交给网络服务器执行计算,然后将计算结果生成报表反馈回设计师,其计算报表可给出包括碳排量、能耗量、冷热负荷以及室内外环境数据在内的一系列分析评价指标数据。

2.4 超大项目群工程量与造价数据的共享

2.4.1 成本控制的难题及其成因

工程建设领域的成本控制一直是困扰建筑业发展的难题。成本失控问题在工程中屡屡发生。究其原因,主要有以下几个方面。

1. 与市场脱节

目前,工程建设领域实行的是静态管理与动态跟踪调控相结合的造价管理模式,即各地区按照本区域社会平均成本价格以及平均劳动效率编制工程预算定额和消耗量指标实行价格管理,然后分阶段动态调整市场价格,按月份按季度发布指导价或者信息价,定期不定期公布指导性调整系数,据此编制、审查、确定工程造价。

建筑业自身特点决定了工程造价估算困难,再加上我国工程造价信息不透明,导致我国建筑业市场混乱、集中度低以及行业利润下滑。建筑工程所涉及的价格信息众多,包括材料、设备、人工、租赁以及分包等,各种产品材料的规格、型号也千差万别。在大规模的数据信息面前,仅靠建材信息网公布季度或者月度中准价远远跟不上市场的波动。在消耗量指标方面,我国还沿用苏联定额模式,然而在当今技术条件下,建筑业新工艺、新材料日新月异地涌现出来,专家编制的定额数据可能在发布的第二天就已经过时了。即使现在的清单模式,各个企业拥有的所谓的企业定额也可能是二十年前的定额指标。

2. 共享与协同困难,信息流失严重

在造价部门内部人员之间、每个岗位之间以及项目不同阶段都存在信息壁垒,造成成本信息共享困难,导致协同工作的效率低下,信息流失严重,无形中增加了项目成本。

由于技术手段以及数据格式等问题,造价工程师所获得或者提供的项目成本相关的基础数据还没有办法和内部其他人员直接共享,需要经过技术处理或者人工输入方式进行拆分和加工,这样不仅增加了无效时间,更可能因为人为失误而导致信息流失,从而直接或间接地增加项目成本。

建设工程造价管理,涉及多专业多部门的协作。例如在进行三算对比(预算、计划成本、实际成本)时,需要同时参考财务数据、仓库数据、材料数据以及工程实物信息等,涉及预算部门、财务部门、工程部门、仓库后勤部门等多部门多岗位的协作。

然而,在目前绝大部分建筑企业的组织构架中,这些部门之间是平级关系,导致其沟通存在一定的困难,即使达成共识,也很难保证数据的准确性和时效性。

在工程建设全过程中,最关键的是信息共享与交流。我国建筑业体制决定了各个参与方各为己利,从各自利益最大化的角度去考虑问题,有意无意地造成信息流通过程中失真或者流失,往往造成工程各个环节的重复工作,更有甚者是无效劳动,如图 2-42 所示。

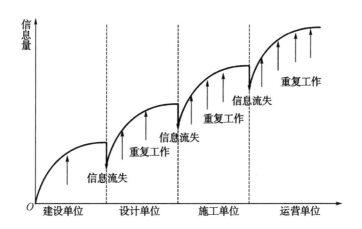

图 2-42　工程量与造价信息流失

3. 地域性强,缺乏全国范围的统一标准

我国各地区经济技术发展水平参差不齐,总体表现为东部、中部、西部三个梯度格局。我国建筑业的区域性表现则更加明显,各省、直辖市几乎都有一套当地的标准,如各地的定额标准、工程量计算规则都具有独立的系统。仅仅定额一项,就分为全国统一定额、行业统一定额、地区统一定额、补充定额等。

对于造价管理最关键的内容就是基础数据积累,造价工程师在一个地区积累的经验数据,到下一个工地或者地区可能失去意义,所有基础工作必须推倒重来,这不仅影响工作效率,更严重制约了我国造价管理工作的发展。

历史造价指标数据往往是造价咨询公司的立足根本,或者说是核心竞争力。所以,全国性的房地产企业、施工企业很多,而全国性的造价咨询单位却很少。

4. 缺乏精细化造价管理理念

目前,我国建筑业尚处于粗放型发展阶段,高污染、高能耗、高消耗仍然是困扰我国建筑业发展的三大难题。20 世纪 50 年代,一些发达国家(如日本)提出精细化管理理念并逐渐被引入建筑业。精细化管理理念主要是专业化、系统化、数据化、信息化,其目标是获得更高的利润和更大的效益。在精细化造价管理中,则要细化到不同时间段、不同建筑构件、不同施工工序、不同施工段等,才有可能达到精细化管理的效果。

精细化工作远远达不到要求。很多施工企业只知道项目一头一尾两个价格(合同价、结算价),却在大部分场合忽略了过程中的精细化管理,成本管理与控制被完全放弃了。过程中的多算对比没有及时跟进或者未能及时采取有效措施,在项目接近完工时才发现实际成本已远远超过预算成本。

5. 数据更新和维护较迟钝

设计变更、签证索赔,在工程建设全过程中是必不可少的,一方面是满足项目功能需求改变或者完善设计的不足,另一方面保证了项目各参与方利益可以更好地体现,这也是风险分担的有效措施。体现在造价管理过程中,就是对工程量和材料价格的调整。如何快速、准确地收集并汇总这些变更、索赔信息,并在造价管理中及时体现,是目前建筑行业所面临的问题之一。

综上所述,目前国内造价管理存在不少问题,国内工程算量模式多依据 CAD 平台开发的算量软件来实现。不论是基于二维 CAD 或是基于三维 CAD 软件进行工程算量,其共同前提都必须重新建立模型。虽然这些软件都具有对 CAD 设计文件的识别能力,可以提高计算效率,但是识别预设了很多苛刻条件,若要符合工程计量规范的规定,则需经过很多人工调整。此外,由于设计文件与算量文件不能关联,任何设计上的变更都需要手工录入和调整,这显然会影响工程算量的质量和效率。另外,从目前基于 CAD 平台的算量软件应用情况来看,这些软件对不规则或复杂的几何形体计算能力比较弱,甚至无法计算(如对曲面形体只能采用近似计算方法)。

相较于 CAD 算量软件,BIM 在工程算量和数据共享方面具有显著优势。BIM 通过建立 3D 关联数据库,可以准确、快速计算并提取工程量,提高工程算量的精度和效率。BIM 遵循面向对象的参数化建模方法,利用模型的参数化特点,在表单域(Field)设置所需条件对构件的工程信息进行筛选,并利用软件自带表单统计功能(Schedule)完成相关构件的工程量统计,等等。

2.4.2 基于 BIM 技术的工程量数据共享策略

现阶段大规模、超复杂、高投资的工程项目依然采用的是传统的手工算量、Excel 算量或借助算量软件来进行,造价人员通过大量的二维图纸进行统计,效率较低且精度不能够保证。

BIM 技术通过整合多种工程软件形成一个大的数据系统,大数据的使用能够细化建筑设计流程,从以往的设计方案和问题解决措施中,提取能够辅助当前设计的可行方法,是目前工程设计的最优解,运用 BIM 大数据的设计系统进行设计分析,从而对工程造价进行测算。在 BIM 系统运算过程中,可以实时收集市场信息和原材料价格,及时更新影响工程成本的要素,能够以时间为基础推算工程完成后可能遇到的问题。BIM 技术具有预测性,能够及时为工程提供参考。

通过在 BIM 模型中集成符合《建设工程工程量清单计价规范》(GB 50500—2013)(以下简称《规范》)的材料用量清单,在提交模型成果时同时提交数据清单。这种模式确保模型与工程量数据一致,随着设计变更实时更新工程量;同时,基于 BIM 模型实现数据的完整共享,便于工程总造价的整体控制,如图 2-43 所示。

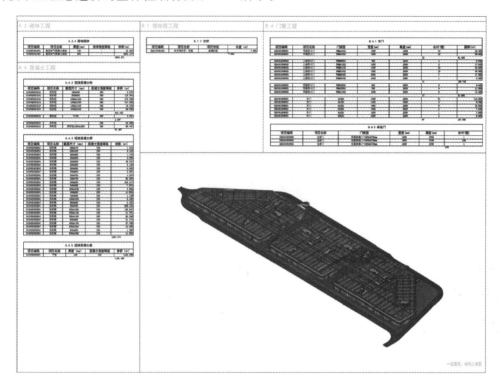

图 2-43 基于模型的材料量清单

根据实例应用和研究梳理,将部分基于 BIM 的工程量清单算量方法梳理如下:

1. 土石方工程

利用 BIM 模型可以直接进行土石方工程算量。对于平整场地的工程量,根据模型中建筑物首层面积计算。挖土方量和回填土量按结构基础的体积、所占面积以及所处的层高进行工程算量。造价人员在表单属性中设定计算公式可提取所需工程量信息。例如,利用 BIM 模型计算某一建筑物中条形基础的挖基槽土方量,已知挖土深度为 1.15 m。按照国内工程计量规范中的计算方法,在 BIM 模型的表单属性中设置项目参数和计算公式,使用表单直接统计出建筑物挖基槽土方总量。

2. 基础

BIM 自带表单功能自动统计出基础的工程量,也可以通过属性窗口获取任意位置的基础工程量。大多类型的基础都可按特定的基础族模板建模,若某些特殊基础没有特定的建模方式,可利用软件的基本工具(如梁、板、柱等)变通建模,但需改变这些构件的类别属性,以便与其源建筑类型的元素相区分,有利于统计工程量数据。

3. 混凝土构件

BIM 软件能够精确计算混凝土梁、板、柱和墙的工程量且与国内工程计量规范基本一致。对单个混凝土构件,BIM 能直接根据表单得出相应工程量。但对混凝土板和墙进行算量时,其预留孔洞所占体积均被扣除。当梁、板、柱发生交接时,国内计量规范规定三者的扣减优先顺序为柱>梁>板("$>$"表示优先于),即交接处工程量部分,优先计算柱工程量,其次为梁,最后为板工程量。使用 BIM 软件内修改工具中的连接(Join)命令,根据构件类型修正构件位置并通过连接优先顺序扣减实体交接处重复工程量,优先保留主构件的工程量,将次构件的统计参数修正为扣减后的精确数据,避免了构件工程量统计的虚增或减少,如图 2-44 所示。

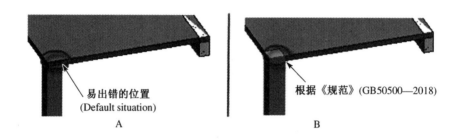

图 2-44　混凝土构件扣减规则

4. 混凝土模板

混凝土模板虽然为非实体工程项目,但却是重要的计量项目。现行 BIM 并没有设置混凝土模板建模专用工具,采用一般建模工具虽然可建立模板模型,但需要耗费大量的时间,因此需要其他途径提高模板建模效率。可以通过编程 BIM 软件插件解决快速建立模板模型问题,这样就可以在软件内自动提取模板工程量,达到像前述构件在 BIM 软件内一样的算量效果。

5. 钢筋

BIM 结构设计软件提供了用于为混凝土柱、梁、墙、基础和结构楼板中的钢筋建模的工具,可以调入钢筋系统族或创建新的族选择钢筋类型。计算钢筋质量所需要的长度都是按照考虑钢筋量度差值的精确长度。BIM 构件内部钢筋布置图的钢筋算量,不仅能计算出不同类型的钢筋总长度,还能通过设置分区(Partition)得出不同区域的钢筋工程量。

6. 楼梯

在 BIM 模型内能直接计算出楼梯的实际踏步高、踏步宽和踏步数量,还能得出混凝土楼梯的体积。对于楼梯栏杆的算量,可以按照设计图示尺寸对栏杆族进行编辑,进而通过表单统计出栏杆长度。经测试,采用 BIM 内部增强性插件(Buildingbook Extension)提取楼梯工程量,得到的数据及信息更符合实际需求。

7. 墙体

通过设置,在 BIM 模型内可以精确计算墙体面积和体积。墙体有多种建模方式:一种是在已知结构构件位置和尺寸的情况下,以墙体实际设计尺寸进行建模,将墙体与结构构件边界线对齐,但这种方式有悖于常规建筑设计顺序,并且建模效率很低,出现误差的概率较大。另一种方式是直接将墙体设置到楼层建筑或结构标高处,如同结构构件"嵌入"墙体内,这样可以大幅度提升建模速度。前者在实际建模中少见,后者需要通过设置才能计算墙体准确的工程量。可通过"连接"命令,实现墙体对这些构件工程量的扣减。例如:墙体内部放置柱、梁构件的节点图,不做任何处理时,墙体的体积为 1.160 m³,将梁、柱与墙体通过连接命令进行设置后,墙体的体积变为 0.653 m³,为准确的墙体体积。

对于嵌入墙体的过梁,可通过共享的嵌入族(Nested Family)的形式将其绑定在门、窗族上方,再将门、窗族载入项目并放置在相应墙体内,此时的墙体工程量就会自动扣除过梁体积,且过梁的体积也能单独计算出来。此外,若墙体在施工过程中发生改变,还可利用阶段(Phase)参数,得出工程变更后的墙体工程量,为施工阶段造价管理带来方便。将建立的模型设置不同阶段,若需删除某一部位的墙体,选中该墙体并在属性窗口中设置其拆除的阶段,如阶段3,因 BIM 自带表单功能与阶段化属性相关联,在表单中选择阶段3,此时统计的工程量不包含删除墙体的体积。

8. 门窗工程

从 BIM 模型中可以提取门窗工程量和其他门窗构件的附带信息,包括各种型号的门窗数量、尺寸规格、板框材面积、门窗所在墙体的厚度、楼层位置以及其他造价管理和估价所需信息(如供应商等)。此外还可以自动统计出门窗五金配件的数量等详细信息。以门上执手为例,在 BIM 模型中分别建立门和门执手两个族文件,将门执手以共享嵌入族的方式加载到门族中,门执手以单独调取族的形式出现,利用软件自带的表单统计功能,可得到门执手的相应数量及信息(图 2-45)。

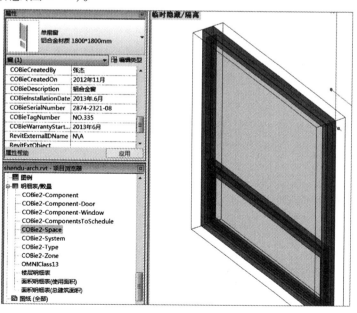

图 2-45　窗参数设置

9. 幕墙

无论是对普通的平面幕墙还是曲面幕墙的工程量计算,在 BIM 模型内都达到了精确程度,并且还能自动统计出幕墙嵌板(Panel)和框材(Mullion)的数量。在 BIM 软件中建模时,可以通过预置的幕墙系统族或通过自适应族(Adaptive Families)与概念体量(Conceptual Massing)结合,创建出任意形状的幕墙。在概念体量建模环境下,创建幕墙结构的整体形状,可根据幕墙的单元类型使用自适应族创建不同单元板块族文件,每个单元板块都能通过其内置的参数自动驱动尺寸变化,软件能自动计算出单元板块的变化数值并调整其形状及大小。也可将体量与幕墙系统族结合,创建幕墙嵌板和框材。模型建立后,再利用表单统计功能自动计算出其相应工程量(图 2-46)。

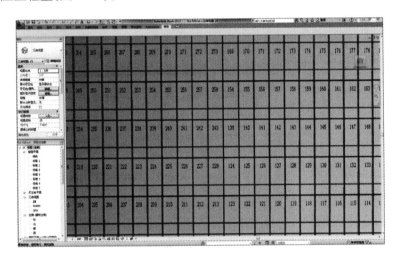

图 2-46　幕墙统计

10. 装饰工程

同样,BIM 模型也能自动计算出装饰部分的工程量。BIM 有多种饰面构造和材料设置方法,可通过涂刷方式(Paint),或在楼板和墙体等系统族的核心层(Core boundary)上直接添加饰面构造层,还可以单独建立饰面构造层。前两种方法计算的工程量不准确,如在楼板核心层上设置构造层,构造层的面积与结构楼板面积相同,显然没有扣除楼板上墙体所占的面积(图 2-47)。

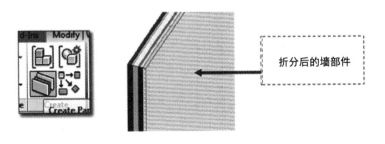

图 2-47　装饰材料统计

为使装饰工程量计算接近实际施工,可用基于面(Facebased)的模板族单独建立饰面层,这种建模方法可以解决模型自身不能为梁、柱覆盖面层的问题,同时通过材料表单(Material take off)提取准确的工程量。对室内装饰工程量来说,将表单关键词(Schedule key)与房间布置插件(Roombook Extension)配合使用,可以迅速准确计算出装饰工程量。其计算结果可导入 Excel 中,便于造价人员使用。

经过课题组研究,将 BIM 输出的结果与传统二维输出的结果对比,发现整体误差小于3%(图 2-48)。

序号	清单项目	单位	BIM计算工程量	总包计算工程量	差异	差异比例
1	基础底板 主材:C40P10混凝土	m³	29497	29388	109	
2	矩形柱 主材:C40混凝土	m³	489	478	11	
3	矩形柱 主材:C60混凝土	m³	427	437	-10	
4	直形内墙 主材:C40混凝土	m³	1142	1092	50	
5	直形内墙 主材:C60混凝土	m³	548	570	-22	
6	弧形内墙 主材:C40混凝土	m³	86	83	3	
7	有梁板 主材:C35混凝土	m³	4126	4202	-76	
8	矩形梁 主材:C35混凝土	m³	1287	1261	26	
9	基础后浇带 主材:C45P10微膨胀混凝土	m³	608	599	9	
	B4层工程量总计	m³	38210	38110	100	0.26%

图 2-48 BIM 与总包工程量计算对比

2.4.3 基于 BIM 技术的造价数据共享策略

工程造价数据共享是工程造价及成本管理的一项重要工作,是完成精细化工程造价管理的重要环节。各类工程建设定额、经济技术指标、工程造价指数的编制以及工程造价信息的发布都来自及时、准确而可靠的工程造价资料的共享。

1. 造价数据共享

通过在工程协同管理平台上设置专门的空间实现造价数据共享。主要包括:建设项目的决策信息、单项工程结算信息、清单的组价构成、综合单价、建设项目的人工价格、机械的租赁价格、材料价格、设备价格、工具器具及周转材料的租赁价格、劳务价格等。通常,可以设置 2 个共享区域:

(1)"资料区"是指正在调整的过程内容,这些内容未经审核和确认,因此不适合共享使用。编辑区模型文件应当是由每个单体建设方分别创建,并且仅包含本方负责的信息。

(2)"共享区"是指为了实现协调、高效的工作,各建设方使造价数据能够通过共享的数据库或交换协议,使得相关造价工作人员能接受的方式访问。这些文件应放在项目的中心区域供各方访问,并进行合理的权限管理。

2. 精细化工程造价管理

借助相关工程造价管理系统可以实现精细化的工程造价管理。帮助预算部门、财务部门、工程部门、仓库后勤等部门在进行三算对比(预算、计划成本、实际成本)时,可以通过平台获取财务数据、仓库数据、材料数据(图 2-49)以及工程实物信息。

图 2-49　材料价格查阅

通过共享的方式,打破造价部门内部人员之间、各个岗位之间以及项目不同阶段都存在的信息壁垒,实现成本信息共享,提高协同工作的效率。此外,随着大量的工程造价数据的积累,可以为造价成本管控带来很多便利。可以作为工程造价宏观管理、决策的基础,编制、审查、评估项目建议书、设计任务书(或可行性研究报告)投资估算,进行设计方案比选,编制设计概算,编制标底控制价以及投标报价的重要参考;也是作为核定固定资产价值,考核投资效果的参考;是对工程投资、勘察设计、工程承包以及施工全过程的合理确定工程造价与有效控制工程造价的重要依据和手段,是工程造价管理各活动环节的脉络,是提高工程造价管理效率的重要条件。

2.5　BIM 工程协同平台的建设模式与对策

2.5.1　项目群的特点

基于 BIM 的多元设计协调在整个项目中发挥的作用至关重要。总控设计单位需要把影响社区的各个元素——"串"起来,串联的途径就是总体设计思维和 BIM 技术,具体的载体就是平台(图 2-50)。

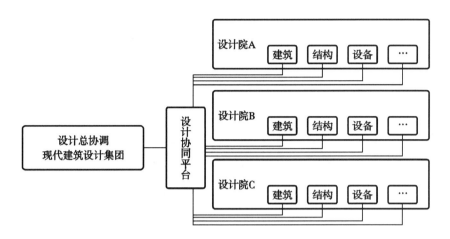

图 2-50　多家设计院协同

采用 ProjectWise 平台作为项目群管理平台,主要用于信息交流沟通,决策处理。协同管理平台把项目周期中各个参与方集成在一个统一的工作平台上,改变了传统的分散的交流模式,实现信息的集中存储与访问,从而缩短项目的周期时间,增强了信息的准确性和及时性,提高了各参与方协同工作的效率。

由于仅有协同管理平台不能满足协同设计的全部需求,因此,鉴于工程特点开发了现代集团 BIM 工程协同平台(以下简称"BIM 工程协同平台")作为协同规划设计平台,实现巨大地下空间和高密度建筑群的设计工作。同时,BIM 工程协同平台对各设计单位的 BIM 几何数据和信息进行集成管理,达到高效统一调度,实现总体规划与单体相统一。借助于 BIM 工程协同平台,一方面,设计总控对于一些突破设计规范或现实情况下操作性较差的步骤作出修改意见,通过 BIM 工程协同平台会及时提醒并要求案例设计方进行调整。另一方面,对于案例设计中遇到的困难,设计总控则以专业意见进行引导,帮助协调并提供便利条件。所涉及的 BIM 工程协同平台如图 2-51、图 2-52 所示。

2.5.2　基于互联网的 BIM 工程协同平台打造

现代集团 BIM 工程协同平台,是以后世博央企总部基地项目为蓝本,进行研究开发的工程协同工作平台,针对工程行业需求进行定制的,符合国内企业的应用需求。BIM 工程协同平台以项目为核心,以统一标准进行各类图文档、模型、人员、流程、通知、权限等工程信息的管理。BIM 工程协同平台结合上海市 BIM 应用标准提供标准化的数据模板与接口,支持多终端的模型浏览与可视化交流,建立跨地域、跨团队、基于互联网的协同工作空间,无论是建筑工程设计、施工、业主还是工程咨询等企业团队,都能在 BIM 工程协同平台内快速实现业务分工与协同。

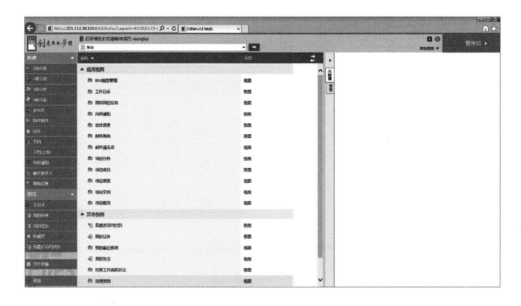

图 2-51　基于 Web B\S 的平台

图 2-52　基于桌面机 C\S 的平台

现代集团 BIM 工程协同平台是基于互联网模式的工程建设多方参与协同工作的云平台,服务于工程建设项目的参与方,提高工程从业人员的协同工作能力、效率和质量。图 2-53 所示为平台整体构架。

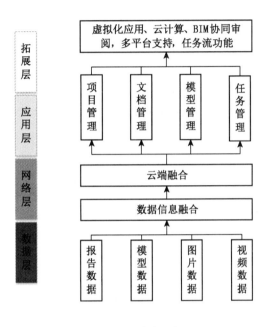

图 2-53　整体构架

各设计单位将 BIM 设计基础数据存储在 PW 协同管理平台上,并通过 AIW 将模型数据进行集成,实现三维协同设计平台与协同管理平台相结合。通过平台与各方信息实时交互,动态获取项目实时更新信息,实现设计、工程进展跟踪的动态同步。

GIS 与 BIM 相结合作为协同设计平台上的主要设计工具,以实现巨大地下空间和高密度建筑群的设计工作。同时协同设计平台对各设计单位的 BIM 几何数据和信息进行集成管理,达到高效统一调度,实现总体规划与单体规划相统一。

2.5.3　BIM 工程协同平台功能特点

1. 安全访问控制

工程项目参与方众多,如何保证信息内容安全存储和访问至关重要。协同管理平台的数据层与操作层分离,收集了分散的工程内容信息,采用了集中统一存储的方式,加强了可控制性和安全性。

对于用户访问,采用了用户级、对象级和功能级等三种方式进行控制。用户需要使用用户名称和密码登录系统,按照预先分配的权限,访问相应的目录和文件,这样保证了适当的人能够在适当的时间访问到适当的信息以及适当的版本。图 2-54 所示为 BIM 工程协同平台登录系统。

图 2-54　BIM 工程协同平台登录系统

以现代集团 BIM 工程协同平台为例,平台能满足同时管理几十个进行中的工程项目设计,为大型项目群设计决策、分析项目经济指标提供有力支撑。BIM 工程协同平台具有虚拟化应用、云计算、BIM 协同审阅、支持多平台的特点。

2. 项目平台管理

项目平台管理包括项目首页、新建项目、项目信息、人员组织等内容的组织管理。

对项目类型状态进行分类及系统化梳理。在项目首页中可以分阶段查看所有已经建立的项目。项目功能用于创建新的项目,查看具体的项目信息,包括"项目名称""项目描述""建设单位""设计单位""监理单位""起止时间"及"人员组织"等(图 2-55)。

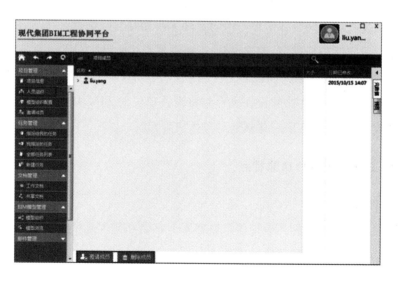

图 2-55　人员组织

3. 任务管理

任务管理包括查看任务、新建任务的管理。

可查看指派给登录用户的任务,并可以将已经完成的任务标记完成,或将任务指派给相应的人员(图2-56)。

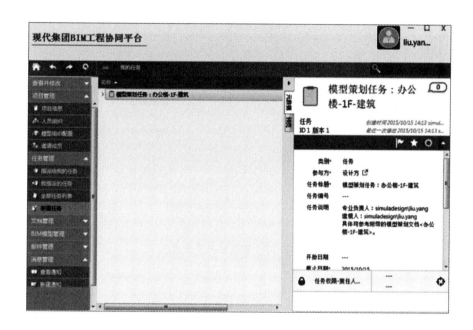

图 2-56 任务界面

4. 文档管理

文档管理包括上传文档、下载文档、工作文档、共享文档、文档的历史版本控制、模板库、文档的权限控制、文档解锁、常用办公文档的预览等。

设计过程中使用的软件众多,产生了各种格式的文件,这些文件之间还存在复杂的关联关系,这些关系是动态变化的,通过协同管理平台可以更好地控制工程设计文件之间的关联关系,并自动维护这些关系的变化,减少了设计人员的工作量。

由于参与方众多,分布于上海、北京、广州等地。协同管理平台将各参与方工作的内容进行分布式存储管理,通过本地缓存技术,保证对项目内容的统一控制,也提高了异地协同工作的效率。参与人员可以通过复制粘贴,或者拖拽的方式上传下载文档,也可以查看分享文档并设置文档模板库。每个文档修改后都会保留历史记录,可以通过右键菜单中的"历史记录"查看,管理员可以将文档回置到指定的历史版本。

5. 全方位的发布图档及虚拟化应用

全方位的发布图档及虚拟化应用,包括重量级 BIM 软件支持云端打开,可降低硬件要求。协同平台后端采用 Publisher 发布引擎,可以动态地将设计文件、办公常用格式的管理文件以及光栅影像文件发布出来,设计文件发布后完全保留原始文件中的各种矢量信息、图层以及参考关系,充分保证了信息的完整性。在平台云端打开复杂的 BIM 模型,项目参与方不需要再安装专业设计软件就可以直接通过浏览器查看项目中的各种文件,简单快捷,也节省了购买部分专业软件的成本。如图 2-57、图 2-58 所示。

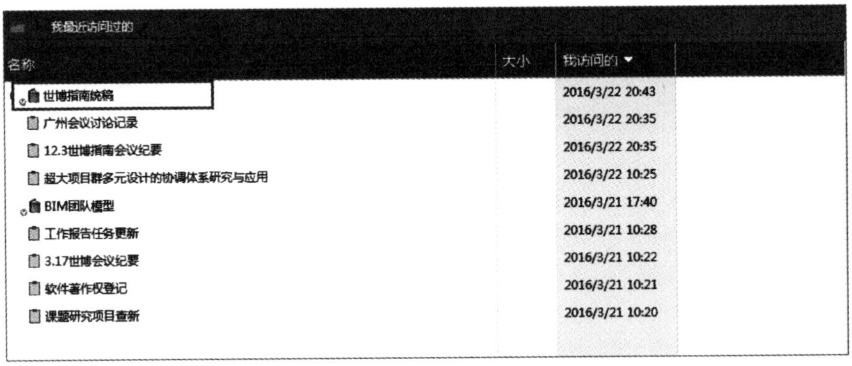

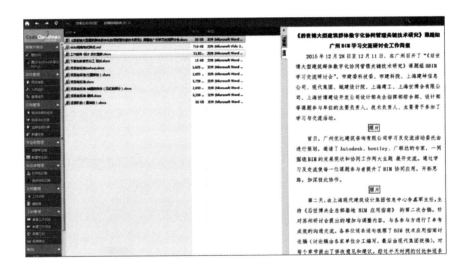

图 2-57　查看任务及文件

图 2-58　查看共享文件

6. 消息管理

参与人员可新建查看"会议通知"和"一般通知",协同平台用户之间通过消息系统相互发送内部邮件及通知,如图 2-59 所示。

7. 云平台架构

在 PC 端、移动端、网页端都可以对平台项目进行管理及更新,如图 2-60 所示。

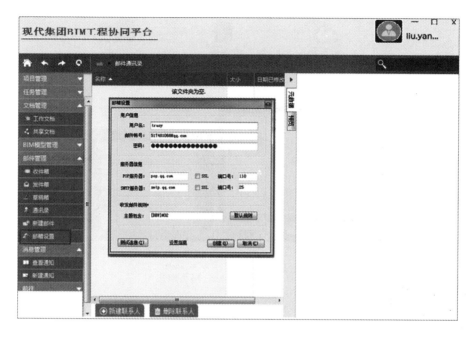

图 2-59　邮箱设置

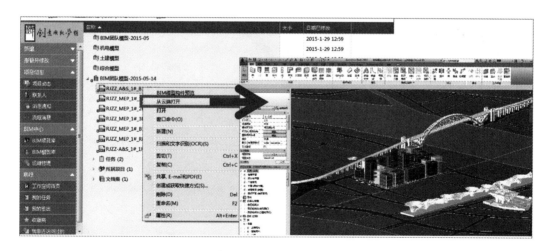

图 2-60　虚拟化云端打开模型

2.5.4　BIM 工程协同平台对接的方式

后世博央企总部基地项目由协同管理总平台和设计、施工、监理等子平台共同组成。总平台与子平台之间的数据打通是实现高效管理的基础。设计子平台在开发之初就考虑到了数据的互通,子平台与管理平台之间的对接采用两种方式来实现(图 2-61)。

图 2-61　PC 端、移动端、网页端应用

1. 通过开放子平台端口实现对接

子平台向管理平台提供端口,实现管理平台与子平台的无缝对接,如图 2-62 所示。

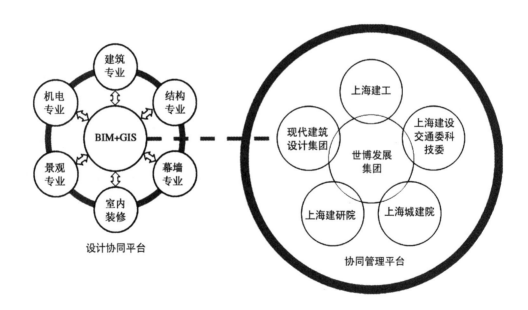

图 2-62　设计协同平台与协同管理平台对接

2. 通过在子平台上运行设计软件及插件实现互通

通过在设计工具上安装协同管理平台的插件,实现设计数据与管理平台的互通,如图 2-63所示。

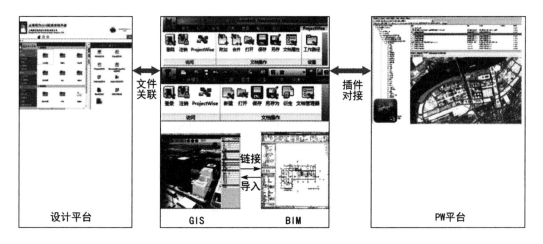

图 2-63　子平台与平台对接

2.5.5　BIM 工程协同平台的可扩展功能

现代集团 BIM 工程协同平台作为工程行业的通用平台,可进行面向各种行业的定制化服务,从而进一步拓展适用范围。此外,现代集团 BIM 工程协同平台作为基础数据平台,可以针对具体项目进行定制化,为项目量身打造工作环境。

可扩展模块包括:

(1) 报表管理(RMS):报表统计、图形化显示、商务智能。

(2) 网站内容管理(WCM):网页内容创建、网页内容发布、网页内容审批。

(3) 图像处理(OCR):纸质文件电子化、条码标记与识别。

(4) 质量管理(QMS):组织及个人活动记录、活动追踪、记录保存、合规性质量管控。

(5) 知识管理(KMS):企业知识库集成、知识推荐、大数据分类和检索。

(6) 其他模块:全文检索、邮件管理、数据分析、数据备份、数据同步。

2.6　主要研究成果

1. BIM 工程协同平台的应用

BIM 工程协同平台主要有以下几方面应用:

(1) 结合后世博央企总部基地项目的需求进行平台的定制。

(2) 作为设计单位的设计协同工作试点平台,多个项目在此平台上开展相关试点研究。

(3) 作为建设方、设计方、施工方的协同工作研究试点平台,在平台上开展工作,发布任务,验收工作成果。

(4) 作为云虚拟化应用试点平台,在平台上为用户提供基于云的 BIM 模型浏览和设计工具。

(5) 作为试点项目的移动式协同工作试点平台,支持试点项目参与方通过不同的平台、系统和终端登录平台开展移动办公。

2. BIM 工程协同平台的创新性

(1) 具备较好的承载能力,应用混合云技术可满足上百个项目同时使用,为后世博央企总部基地项目试点工作正常开展提供了坚实的平台基础。

(2) 集成云虚拟化应用,通过云计算提供软件工具集成,可节约硬件资源的投入,提高了工作效率。

(3) 促进协同工作方式升级,跨平台、跨系统,支持多个系统和终端平台协同工作。

(4) 结合工程流程定制,平台可以按照不同项目的具体需求,实现按项目定制。

本平台可以作为工程行业通用平台推广,面向企业和项目进行定制化服务,打造基于云的协同工作环境。

3. 超大项目群性能模拟仿真设计技术

常规性能分析多以项目单体为主,忽略群体对单体的影响,难免会出现项目分析的结果好,但最终建成后效果不佳的情况。大型项目群性能模拟仿真,如果缺乏系统性、宏观性,更容易发生分析结果偏误,导致顾此失彼。为避免上述问题,针对后世博央企总部基地项目实际需要,提出了"BIM+GIS 集成分析"的思路。在此之上,总结出"群体—单体—群体"的工作方法,提高了整体的设计品质。

其主要有以下几方面应用:

(1) 通过研究 BIM 与 GIS 相结合,集成了整个后世博央企总部片区的地理信息和建筑群,包括建筑、公共设施、道路、水体等为性能模拟提供了前提条件,为性能化分析提供了数据基础。

(2) 利用数据模型进行日照、风、交通、疏散、节能、环境影响等分析研究,研究结果表明项目群的集群性能仿真分析,避免了单体分析局限性,同时提升了项目群性能仿真分析的可靠度,为优化设计提供了有效手段,为项目群的整体性能参数提升提供可靠保障。

(3) 按照"群体—单体—群体"分析原则,综合考虑了单体和群体之间的平衡,为项目群整体设计品质提供了保障。为全园区实现二星以上的绿色建筑提供了有力的支持。

依托"BIM+GIS 集成分析"方法,实施"群体—单体—群体"分析思路,考虑了单体和群体之间的平衡,提高了设计的品质。为全园区实现二星以上的绿色建筑的目标,提供了有力的支持。在项目群的规划设计、绿色建筑等领域可以进行广泛推广。

4. 超大项目群工程量与造价数据共享

后世博央企总部基地项目中实施了基于 BIM 的工程量与造价数据共享技术研究。梳理出"材料量(M)—工程量(Q)—造价(C)"三步走的方法,实现基于 BIM 模型构件的材料量统计技术,并将设计模型与 BIM 工程量进行打通,进而为项目造价提供有力的支持。在案例项目中进行基于 BIM 的工程量和造价数据共享实践,并形成一套工作方法。研究成果不仅为项目单体造价控制提供了有力的抓手,同时为超大项目群工程量和造价数据提供了基于 BIM 的共享技术手段,为跨项目的协调工作提供了指标依据。

其主要有以下几方面应用:

(1) 项目群的单体 BIM 模型集成材料量清单,该清单随着设计内容的变化而实时变化,建设方直观地把控项目材料量使用情况,对项目的概算编制和缩短招投标进度起到重要的作用;

(2) 通过将地下共通建筑 BIM 模型集成到 GIS 平台,清晰、透明的工程量信息对进行相关工程协调工作带来帮助,缩短了解决问题的周期。

3 后世博大型建筑群体数字化协同施工

3.1 虚拟施工和 BIM 技术的结合

3.1.1 虚拟施工技术

虚拟施工技术,即在融合 BIM 技术、虚拟现实技术、数字建模等计算机技术的基础上,对将要施工的建筑建造过程预先在计算机上进行三维数字化模拟,真实展现建筑施工步骤,避免建筑设计中"错、漏、碰、缺"现象的发生,从而进一步优化施工方案。

BIM 技术具有可视化、数量化和数字化的特性,对项目管理从沟通、协作、预控等方面得到极大的加强,将 BIM 技术引入项目管理,利用 BIM 模型信息的完备性、关联性和一致性使项目各阶段、项目参建各方都有统一的集成管理环境,BIM 应用软件为项目管理系统提供有效的数据支撑,可以解决项目管理系统数据来源不准确、不及时的问题。

目前,虚拟施工技术在国外的相关研究和试验相对较多,较成熟,而国内的应用实践正处在初试阶段,还需要从理论和实践两方面加强其推广和应用。从技术发展层面分析,虚拟施工技术将从根本上改变现有的传统建筑施工模式,并逐步建立起虚拟施工理论和技术体系,为了实现这一目的还需要在今后不断地探索和研究。

3.1.2 BIM 实施流程

由于项目参与方多,工作协调难度大,项目管理需要一套完善的 BIM 实施流程。项目 BIM 实施组织架构如图 3-1 所示,通过架构进行工作分配与集成,提高工作效率。BIM 模型管理具体流程如图 3-2 所示,有效保证项目信息的完备性与准确性。

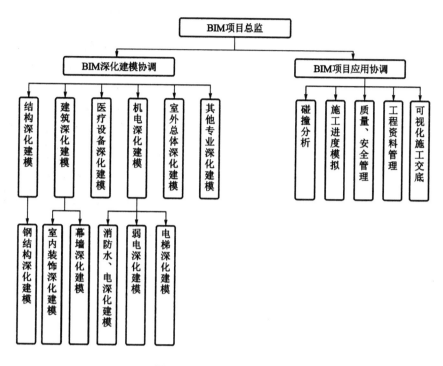

图 3-1　BIM 协同组织架构

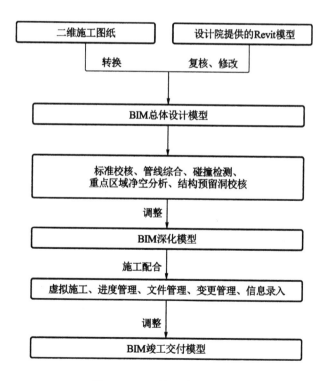

图 3-2　BIM 模型管理流程

3.1.3 应用的推进与进展

1. 背景项目工程概况

世博发展集团大厦项目(以下简称"世博大厦")位于上海市浦东世博园区 B 片区 B02A-05 地块,西临长清北路,南临博成路,北接国新地块,东靠中铝地块。用地面积 3 579 m²,总建筑面积约 20 902.4 m²,其中地上建筑面积 13 603.4 m²,地下 6 932 m²。地下 2 层,主要功能为停车库、设备机房及配套用房;地上 9 层,主要功能为办公,建筑高度为 50 m。工程总平面如图 3-3 所示。

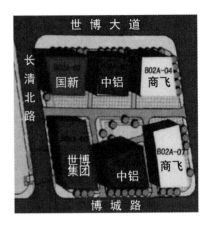

图 3-3 世博大厦(世博集团)位置图

2. 辅助深化设计

根据设计院提供的施工图纸,在此基础上对相应节点及其他关键部位进行深化设计并有序组织现场技术人员开展工作。深化设计的深度要求设计图纸能达到指导现场施工的要求,并满足可实施性要求,满足现场采购进度要求、现场安装要求、施工质量与进度要求。

1) 具体深化流程

(1) 组织现场技术人员进行图纸会审。

(2) 对设计深度不到位的部分提出深化意见。

(3) 对施工图纸从施工角度提出可实施性合理化建议。

(4) 对图纸表达不清部分进行深化设计。

(5) 组织专业单位技术人员进行图纸会审并汇总,进行专业内部协调。

(6) 组织专业深化设计。

(7) 组织专业深化设计并召开例会,汇总内部问题并解决协调。

(8) 组织送审确认。

深化设计主要完成的工作为利用模型进行管线综合、碰撞检查等,发现各类碰撞点 2 800 多个,碰撞检查后,各个技术部门相互协作,讨论深化方案,确定最终深化设计方案,并对模型进行调整,将管综模型与建筑结构主体碰撞检查,确定预埋、预留孔洞。

2) 具体深化内容

(1) 钢结构与混凝土结构相连接的深化。通过整合广联达 GGJ 钢筋和 Tekla 钢结构模型,对复杂节点进行深化,确定钢筋留洞位置,并以此为依据输出钢结构加工图,指导厂家生产。

(2) 钢结构节点深化。利用专业钢结构软件 Tekla 建立专业钢结构 BIM 深化设计模型,对钢结构图纸和复杂节点进行深化设计与现场交底,钢结构节点深化详图如图 3-4、图 3-5 所示。将深化好的局部节点进行现场可视化交底,降低施工错误风险发生的概率。

图 3-4　钢结构节点深化

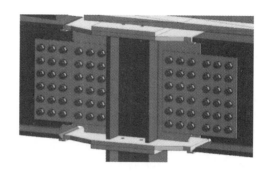

图 3-5　钢结构节点深化

3. 辅助施工现场技术

1）碰撞检测

世博大厦项目规模大、空间复杂,很容易出现管线之间、管线与结构之间发生冲突的情况,或影响建筑室内净高及空间效果,给施工带来麻烦,导致返工浪费。所以管线综合碰撞检测是本项目 BIM 技术应用的一个重点,管线碰撞的处理首先进行的是专业内部的碰撞,然后再是专业间的碰撞检测,如图 3-6 所示。

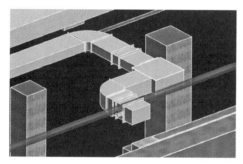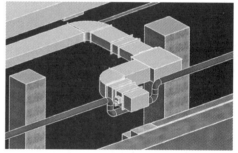

图 3-6　碰撞检测

碰撞检测之前首先进行批次的划分,根据需要碰撞的种类和数量确定碰撞的范围,以确保工作的效率。碰撞检测时必须设置好既定的规则,为了避免由于制图失误引起的误碰撞而导致数据量过大,碰撞公差不应取得太小。在碰撞检测时,为了提高效率,避免过多的系统负担,应分层或分区域、分构件进行碰撞,不应所有构件同时参与碰撞。不同专业之间以及专业和专业内部应有相关的流程来规范。

工程开工后,碰撞检测应控制其频率,根据工程体量的大小,每周进行一次碰撞检测,碰撞检测完成后召开协调会解决,从而形成一个工作循环。

碰撞检测应有专门的碰撞检测报告,根据不同阶段的需求,包含不同的信息。初期对模型进行初步分析,碰撞检测报告需包含发生碰撞的构件、轴线定位、碰撞点统计以及原因分析。碰撞报告如图 3-7 所示。

图像	碰撞名称	状态	距离	网格位置	说明	找到日期	碰撞点	项目1				项目2			
								项目ID	图层	项目名称	项目类型	项目ID	图层	项目名称	项目类型
	碰撞1	新建	-0.16	E1-2:B3	硬碰撞	2014/4/28 07:57.46	x:1.52、y:68.31、z:-12.13	元素 ID: 539023	B3	碳钢	实体	元素 ID: 623315	B3	风管标高 45 度	实体
	碰撞2	新建	-0.15	H2-115:B3	硬碰撞	2014/4/28 07:57.46	x:109.44、y:60.21、z:-11.84	元素 ID: 535440	B3	碳钢	实体	元素 ID: 627608	B3	风管标高 矩形风管	实体
	碰撞3	新建	-0.14	B1-5:B3	硬碰撞	2014/4/28 07:57.46	x:32.80、y:53.98、z:-12.30	元素 ID: 558871	B3	碳钢	实体	元素 ID: 626011	B3	风管标高 矩形风管	实体
	碰撞4	新建	-0.14	H2-115:B3	硬碰撞	2014/4/28 07:57.46	x:108.75、y:60.18、z:-11.88	元素 ID: 533978	B3	碳钢	实体	元素 ID: 627608	B3	风管标高 矩形风管	实体
	碰撞5	新建	-0.13	H2-115:B3	硬碰撞	2014/4/28 07:57.46	x:108.54、y:61.97、z:-11.95	元素 ID: 608853	B3	碳钢	实体	元素 ID: 627608	B3	风管标高 矩形风管	实体
	碰撞6	新建	-0.13	B1-8:B3	硬碰撞	2014/4/28 07:57.46	x:53.45、y:51.59、z:-12.29	元素 ID: 539513	B3	碳钢	实体	元素 ID: 626160	B3	风管标高 矩形风管	实体
	碰撞7	新建	-0.13	B1-5:B3	硬碰撞	2014/4/28 07:57.46	x:33.23、y:52.57、z:-12.32	元素 ID: 618048	B3	碳钢	实体	元素 ID: 626011	B3	风管标高 矩形风管	实体
	碰撞8	新建	-0.13	E1-2:B3	硬碰撞	2014/4/28 07:57.46	x:1.52、y:68.31、z:-12.13	元素 ID: 539023	B3	碳钢	实体	元素 ID: 623025	B3	风管标高 矩形风管	实体

图 3-7 碰撞报告

中期项目进行过程中需对整个项目分区域仔细梳理,碰撞检测报告需包含碰撞定位、碰撞依据、问题说明,经过协调后加入反馈,形成一份完整的过程报告。碰撞检测流程如图 3-8 所示。

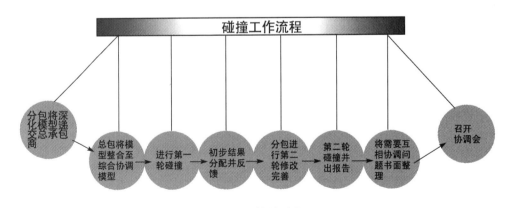

图 3-8 碰撞检测流程

2）施工方案布置

通过场布模型解决现场堆放、临水、临电,平面和竖向交通组织,以及根据各个阶段施工状况,布置大型器械安拆,临时汽车吊停放位置安排等。比如利用 BIM 模型进行快速排砖,提前确定砌体需用量,提前为材料进场和运输组织提供参考。如图3-9、图3-10所示。

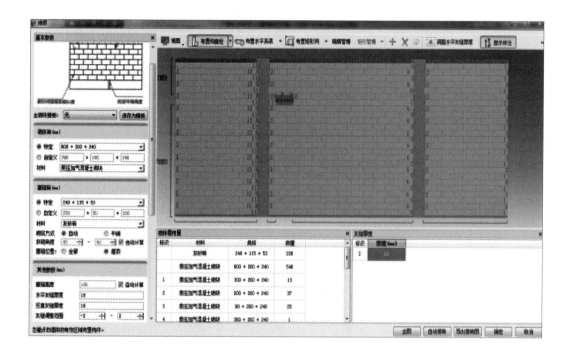

图3-9 软件中设计排布方案

	A	B	C	D	E	F	G
1			砌体需用量			灰缝厚度统计表	
2	名称:建筑砌块墙 - 300mm〈B1-1742,1-1739〉〈D1-1331,1						
3	标识	材料	规格	数量(块)		标识	厚度
4		灰砂砖	240 * 115 * 53	226		I	12
5		蒸压加气混凝土砌块	600 * 200 * 240	548			
6	1	蒸压加气混凝土砌块	300 * 200 * 240	13			
7	2	蒸压加气混凝土砌块	200 * 200 * 240	37			
8	3	蒸压加气混凝土砌块	90 * 200 * 240	25			
9	4	蒸压加气混凝土砌块	360 * 200 * 240	1			
10	5	蒸压加气混凝土砌块	120 * 200 * 240	11			
11	6	蒸压加气混凝土砌块	520 * 200 * 240	11			
12	7	蒸压加气混凝土砌块	220 * 200 * 240	1			
13	8	蒸压加气混凝土砌块	600 * 200 * 80	1			
14	9	蒸压加气混凝土砌块	190 * 200 * 80	1			
15	10	蒸压加气混凝土砌块	240 * 200 * 240	1			
16	11	蒸压加气混凝土砌块	260 * 200 * 240	12			
17	12	蒸压加气混凝土砌块	560 * 200 * 240	12			
18	13	蒸压加气混凝土砌块	320 * 200 * 240	1			

图3-10 生成工程量表格清单

利用BIM模型进行快速模架设计,并直接生成材料表、图纸、计算书、施工方案、下料表,如图3-11、图3-12所示。

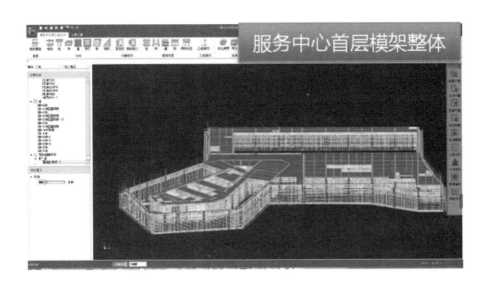

图 3-11　服务中心首层模架整体设计方案

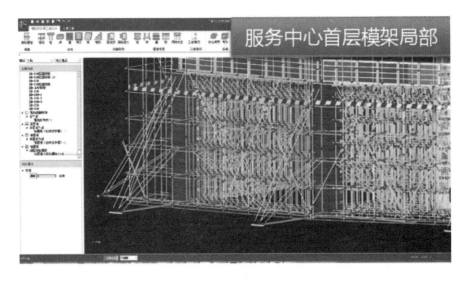

图 3-12　服务中心首层局部放大图

3）4D 施工模拟

在施工过程中，由于参与人员众多且涉及各个专业的各家分包单位，项目施工进度的掌控情况很大程度上能够反映施工总承包管理企业的项目管理能力、施工人员的管控能力以及施工中运用技术水平的高低。施工进度计划的制订和执行必须掌握整个施工流程、工程量的多少、资源的配置情况等。

BIM 技术可以通过模拟整个施工流程，通过四维模拟对进度计划的制订及执行进行复核及修正。

以本工程为例,本工程周边环境复杂,工况也较为复杂,且工期紧张。利用 BIM 技术进行 4D 模拟有助于全面掌握现场的状况,及早在虚拟建造过程中发现问题。对于本工程,4D 模拟可以分批分期进行,如表 3-1 所示。

表 3-1   4D 模拟的范围及频率

范围	模拟频率	模拟内容
总进度计划	根据总进度计划的变更及时调整	将总进度计划与 BIM 模型对应
分单体进度计划	根据单体进度计划编制	将单体进度计划与 BIM 模型对应
复杂节点工序的表现	根据细部节点难度编制	模拟细部复杂节点的施工工艺及措施
施工方案的比选讨论	根据施工方案确定	模拟多种施工方案

针对机电专业来说,BIM 模型不仅可以反映管线布留的关系,还能结合软件的动画设计功能模拟施工效果。在模型调整完成后,BIM 设计人员可提供模拟施工效果服务。通过现场实际施工进度和情况与所建模型进行详细比对,并将模型调整后的排列布局与施工人员讨论协调,充分听取施工人员的意见后确定模型的最终排布并加以演示。4D 模拟交付成果如表 3-2 所示。

表 3-2   4D 模拟交付成果

内容	提交格式
总进度计划模拟动画	AVI 格式
分单体进度计划模拟动画	AVI 格式
复杂节点工序的表现模拟动画	AVI 格式
施工方案模拟动画	AVI 格式

4）施工现场场地布置及规划——基于 BIM 的塔吊规划

由于施工场地限制,多台塔吊相互间的距离可能十分近,相邻两台塔吊间存在很大的冲突区域,所以在塔吊的使用过程中必须注意相互避让。

在工程进行过程中塔吊存在四种可能相互影响的状态:

(1) 相邻塔吊机身旋转时相互干扰。

(2) 双机台吊时塔吊把杆十分接近。

(3) 大风天气时塔吊受风荷载影响摇摆干扰。

(4) 相邻塔吊辅助装配塔吊爬升框时相互贴近。

必须准确判断这四种情况发生时塔吊行止位置。通常采用两种方法:一是在

AutoCAD 图纸上进行测量和计算,分析塔吊的极限状态;二是在现场用塔吊边运行边查看。

这两种方法各有不足之处,利用图纸测算,往往不够直观,每次都不得不在平面或者立面图上片面地分析,利用抽象思维弥补视觉观察上的不足,这样做不仅费时费力,而且容易出错。使用塔吊实际运作来分析的方法虽然可以直观准确地判断临界状态,但是往往需要花费很长的时间,塔吊不能直接为工程服务,或多或少都会影响施工进度。现在利用 BIM 软件进行塔吊的参数化建模,并引入现场模型进行分析,既可以三维的视角来观察塔吊的状态,又能方便调整塔吊的状态使其接近临界状态,同时也不影响现场施工,节约工期和能源。

5) 基于 BIM 的混凝土浇筑规划

利用 BIM 技术进行混凝土泵布置规划及混凝土浇捣方案的确定,首先需要建立较为完善的混凝土泵模型,同时应充分发挥 BIM 的作用,建立混凝土泵的模型除了需要泵车的基本尺寸以外,还需要其中的技术参数,而这些技术参数正是可以通过某种方式导出相关的计算软件,进行混凝土浇捣的计算。

(1) 固定式混凝土泵模型的建立。固定式混凝土泵族具有基本的型号、长、宽、高及混凝土输送压力、混凝土排量等基本数据,以利于在排布混凝土泵时进行混凝土浇捣的计算,如图 3-13 所示。

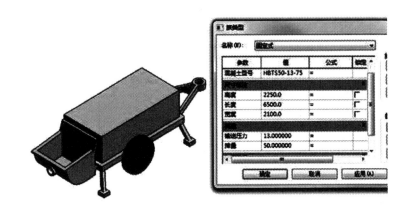

图 3-13　固定式混凝土泵族参数

(2) 移动式混凝土泵模型的建立。移动式混凝土泵族需要有混凝土泵的基本型号,混凝土泵的最大泵送距离、混凝土泵的管径、泵送次数、泵送压力、理论混凝土排量等相关数据,同时必须确保这些数据能够导出相关的计算软件,进行混凝土泵送计算,如图 3-14 所示。

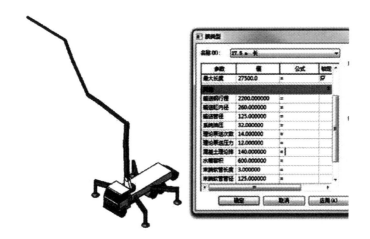

图 3-14 移动式混凝土泵族参数

3.2 工程造价管理与 BIM 技术应用

3.2.1 BIM 应用对工程造价方式的影响

我国建筑项目工程造价方式经历了从传统手工绘图计算、凭借造价经验估算再到依靠电脑绘图计算的发展历程,计价方式采用工程量清单和计价相结合的方式进行造价计算。经过数十年的发展,工程造价管理方式不断得到完善。但是,随着建筑行业的迅速发展,越来越多复杂建筑项目的出现,对工程造价管理的精细化要求越来越高。但是由于传统的工程造价管理存在工作效率低、计算误差大、计算精度不高的特点,再加上造价过程各阶段相互独立、计价模式存在区域差异、造价数据滞后以及造价数据共享困难等问题的局限,我国工程造价管理面临需要变革的挑战。

BIM 作为一种三维数字技术,能够建立包含建筑项目相关信息的工程数据模型,利用数据模型计算建筑工程量并与计价软件相结合,实现建筑项目工程造价的高精度计算,从而大大提高工程造价的准确性,对项目投资控制具有很强的指导作用。借助当下工程管理领域 BIM 技术快速发展的优势,将 BIM 与工程造价管理相结合是大趋势。

3.2.2 BIM 技术在工程造价管理中应用的优越性

相比传统工程造价方式,BIM 技术在建设项目造价管理信息化方面有明显的优势,对于提升建设项目造价管理信息化水平,提高工程造价行业效率,改进整个造价行业的管理流程及规范,都具有十分重要的积极意义。

1. 提高计价算量工作的准确性和高效性

工程量计算是编制工程预算的基础,与传统方法的手工计算相比,BIM 自动算量功能可以使工程量计算工作脱离人为因素的干扰,因而获取更加客观的数据。根据标准建立的三维模型进行实体减扣计算,对于规则或者不规则的构件都可以同样准确计算。同时,基于 BIM 的自动化算量方法将造价工程师从繁琐的劳动中解放出来,为造价工程师节省更多的时间和精力。

在造价管理方面,BIM 技术的应用对工程项目所发挥的最大效益体现在工程量的统计和核查方面。完整的 BIM 模型的建立可以生成详细的工程数据,对比二维设计下的工程量报表和基于 BIM 技术的工程量统计,可以发现二维数据的偏差。计量偏差直接影响整个项目的造价准确性。通过结合 BIM 数据统计消除计量偏差,保证造价管理的准确性和高效性。

2. 控制设计变更

设计变更在现实中频繁发生,引入 BIM 技术,可以利用 BIM 技术的碰撞检查工具尽可能减少变更的发生。同时,当设计变更发生时,利用 BIM 模型可以把设计变更内容关联到之前的模型中,对模型进行更新,相关的工程量变化就会及时反映出来,不需要重复计算,大大提高了工作效率。在施工过程中,甚至可以把设计变更引起的造价变化直接反馈给设计师与业主,使他们清楚地了解设计方案的变化对工程造价产生了哪些影响,这样整个过程就会更加透明化。

3. 模型数据积累和共享

整个项目从开始到结束会涉及各种各样的数据,工程数据比较繁杂。传统的工程项目一旦结束,后续碰到相似项目需要查找相关数据就很难做到,而以往项目的造价指标、含量指标对今后类似项目工程的估算和审核具有非常大的借鉴价值。BIM 技术的引入使数据得以完整准确地保存,实现了利用 BIM 模型对相关指标进行详细、准确分析和抽取,并且形成电子资料,方便保存和共享。

3.2.3 造价管理应用分析

1. 钢筋混凝土工程造价管理

钢筋混凝土工程造价管理是整个项目造价控制的核心。混凝土结构工程是按设计要求将钢筋与混凝土两种材料,利用模板浇制而成的各种形状和大小的构件或结构。基于 BIM 对钢筋混凝土工程实现造价管理,首先需要得到准确的工程量统计。由"工程造价=量×单价"可知,工程造价是一个既包含数量信息又包含价格信息的复合概念。量是指工程量,单价是指综合单价,包括人材机价格、管理费、利润等。量是进行工程造价计算的基础性数据,不仅是计价的基础,也是项目材料采购、成本控制的基础性数据,项目效益的好坏很大程度上取决于对基础性数据的管理。在国外,很多的工程造价都是基于这一理论展开的。基于 BIM 的参数成本估算大致分为三部分:(1)利用统计分析的方法确定成本费用;(2)再预测出待估工程的工程量;(3)根据估算的量与估算出的价确定工程的最终估算成本。整个过程需要利用 BIM 技术提取工程项目的工程量,或者利用 BIM 软件计算出的工程量和工程总造价计算出工程单方造价。由以上可知,钢筋混凝土工程造价管理重点和难点是基于 BIM 的准确工程量统计。现选取后世博建筑群规划道路进行工程量统计示范,模型如图3-15所示。

图 3-15　规划道路模型

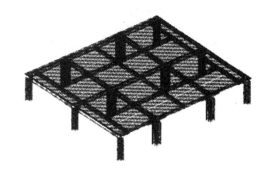

图 3-16　规划道路实物量统计段

由于整个规划道路模型比较庞大,为了更加高效地开展该项技术研究,截取某规划路段作为统计段,具体如图 3-16 所示。

基于 BIM 的工程造价工作大致流程:

(1) 基于 BIM 模型按照工程量清单分部分项导出各专业工程量明细表,导入 Excel 表格中。

(2) 利用导出的工程量进行定额套算。

(3) 得出计价,比对本流程得出的工程量及价格。

通过 BIM 模型获得的统计段实物量如图 3-17 所示,实物量按照构件类型,以明细表的形式表示,可以直接导入 Excel 表格进行后处理。

<结构框架明细表>	
A	B
钢筋体积	混凝土体积
0.13 m³	3.46
0.12 m³	3.46
0.07 m³	2.40
0.08 m³	2.40
0.12 m³	3.33
0.18 m³	3.12
0.16 m³	3.12
0.06 m³	2.31
0.06 m³	2.31
0.06 m³	2.23
0.13 m³	2.74
0.14 m³	2.14

<结构柱明细表>	
A	B
钢筋体积	混凝土体积
0.06 m³	2.22
0.08 m³	3.47
0.08 m³	3.47
0.08 m³	3.47
0.08 m³	3.47
0.08 m³	3.47
0.08 m³	3.47
0.06 m³	2.22
0.06 m³	2.22
0.06 m³	2.22
0.06 m³	2.22
0.06 m³	2.22

<板明细表>			
A	B	C	D
序号	混凝土体积	钢筋体积	面积
1	71.20	0.75	356.00

图 3-17　规划道路实物量统计

为了对基于 BIM 的工程造价更好地进行验证,同时还需对该统计段进行现场实物量统计,具体实物量对比如表 3-3 所示。

由表 3-3 可以看出,基于 BIM 模型的实物量统计与现场实物量相差不大,基本上可以控制在 2%~4%以内。因此利用 BIM 进行工程量统计可以保证数据的可靠性,前提是确保 BIM 模型的准确性。基于 BIM 技术的造价管理,必须结合 BIM 建模标准实施,利用模型进行施工全过程造价控制,辅助项目投资决策,为项目变更提供可靠经济数据支持,大大减少施工过程不必要的浪费,减少成本。

表 3-3　　　　　　　　　　BIM 模型实物量与现场实物量比较

材料＼构件	梁			柱			板		
	Revit	现场	比较	Revit	现场	比较	Revit	现场	比较
钢筋 /t	10.28	10.76	4.46%	6.594	6.641	0.71%	5.426	5.59	2.93%
混凝土 /m³	33.02	31.95	3.35%	34.14	33.54	1.76%	71.2	70.4	1.12%

2. 机电工程造价管理

机电工程一般比较复杂,运用传统方法实现精确的造价管理比较困难,因此借助于 BIM 技术有可能实现造价的精细化管理。结合世博大厦的实际施工情况,选择该大厦 3 层作为机电工程计量造价研究的标准层,该层建筑面积为 1 463.9 m²,选定通风空调、给排水、消防水系统、强电系统为参考计量系统,规定统一选择计量管径 De50 以上的系统主干管,以同一版施工蓝图为基础,分别从传统二维平面图手工计算、BIM 建模导出、鲁班算量导出这三种形式入手,生成的工程量计量对比数据文件如表 3-4 所示。

表 3-4　　　　　　　　　　世博大厦 3 层实物量对比表

序号	系统	材料名称	规格	单位	手工算量	BIM 算量	鲁班算量
1	空调风	酚醛复合风管	1 000×400	m²	21.80	22.232	21.38
2		酚醛复合风管	800×400	m²	58.32	64.200	60.03
3		酚醛复合风管	630×400	m²	23.10	27.140	29.21
4		酚醛复合风管	500×400	m²	——	——	——
5		酚醛复合风管	320×320	m²	23.50	18.255	27.68
6		酚醛复合风管	320×250	m²	4.56	3.827	4.44
7		酚醛复合风管	400×250	m²	5.72	3.611	6.72
8		镀锌钢板风管	900×350	m²	11.25	4.450	22.5
9		镀锌钢板风管	1 250×350	m²	14.40	4.470	28.26
10		镀锌钢板风管	500×320	m²	14.76	9.110	29.52
11		镀锌钢板风管	630×400	m²	9.27	7.530	8.45
12		镀锌钢板风管	1 000×320	m²	11.50	12.100	13.76

（续表）

序号	系统	材料名称	规格	单位	手工算量	BIM 算量	鲁班算量
14	给排水	聚丙烯静音管	De75	m	9.00	8.834	7.78
15		聚丙烯静音管	De50	m	—	—	—
17	消防	镀锌钢管	DN65	m	—	—	—
18		镀锌无缝管	DN150	m	96.50	104.685	93.08
19		镀锌无缝管	DN100	m	100.00	97.863	103.92
20	电气	热镀锌桥架	300×100	m	122.39	113.416	121.40

上面所述三种工程算量方式的图纸具体简介如图 3-18—图 3-22 所示。

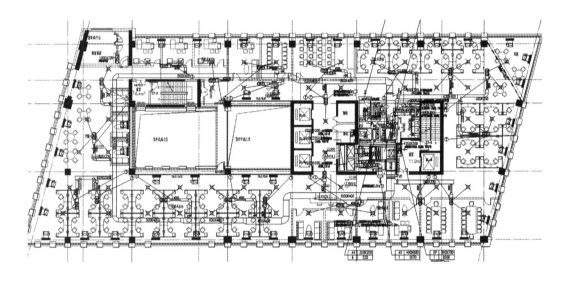

图 3-18　3 层风管平面图（二维图纸）

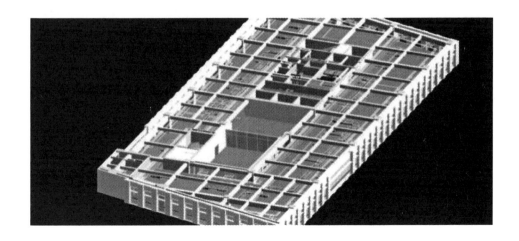

图 3-19　3 层 BIM 建模模型鸟瞰图（BIM 模式）

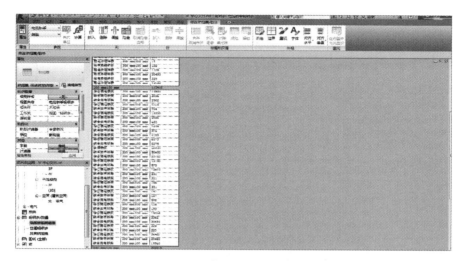

图 3-20　BIM 软件工程量导出界面图

图 3-21　3 层鲁班软件建模鸟瞰图

图 3-22　鲁班软件工程量导出界面

选取表 3-4 所示各系统中三种算法的实物量为比对对象,通过对不同规格的竖向比较,以及同一规格的横向比较进行数据分析,从而得出对应的研究小结。

从表 3-4 中的总体数据来看,存在大规格趋近,小规格偏离的现象,这也比较符合实际。因为越小的规格意味着分支、末端等管线段,而目前设计往往比较忽视此部分的精细作图,而把这部分留给施工单位根据现场实际进行操作。因此不同软件、不同有经验的造价人员对末端的测算不尽相同。

通过上述比较选取每个系统中的典型数据进行横向比较,研究不同测算方法的优劣,具体结论如下:

(1) 在通风系统中,紫色高亮区域的数据为偏离较大值。其中可以发现,鲁班算量与手动算量较为接近,而 BIM 算量偏离了 42.3%。这当中有误差、损耗等未计算。还有一点不容忽视,手工及鲁班算量时按照系统计算后能将同一材质的材料归拢合并,而 BIM 在按照系统计算后无法合并,造成数据"技术性丢失",而此类现象在小规格、多分支系统中尤其明显。

(2) 在水系统中,结果恰恰相反,紫色高亮区域中 BIM 算量明显高于其他两项。究其原因,除了常规的误差等因素,也是因为选择的层面为办公层,水管规格较少且整段长度较长。因此,BIM 分段值反而比另两种方法计算的累加值更高,当然不排除累计时有遗漏。

(3) 在电气系统中,由于规格单一,各方法之间的误差量均较小。电子算量在部分规格或图纸条件下,尤其是 BIM 的算量,还存在一些误差。但是,其在整体数据的结构及精度上已接近人工算量,表明现代化的电算技术在不断发展,不断优化,不断进步。加上电算的人力及时间成本大大优于传统人工算量,相信假以时日,真正的数字化造价管理必将在工程应用领域全面推广。

3.3　施工进度管理与 BIM 技术应用

3.3.1　BIM 技术在工程项目施工阶段计划管理中的应用

施工计划管理是项目管理中的一项关键内容,直接关系到项目的经济效益和社会效益,具有举足轻重的地位。随着建筑的科技含量越来越高、施工工艺越来越复杂,传统的施工计划管理技术已无法适应现在的施工管理。BIM 作为一项新技术,已经在建筑领域中崭露头角,在工程项目计划管理中应用 BIM 技术,可以加强管理者的进度控制能力、减少工程延误的风险,并能够节约施工时间,为项目进度管理带来方便的同时也创造巨大的效益。

本章从施工企业的角度入手,研究 BIM 技术在工程项目施工阶段计划管理的应用。重点探索基于设计 BIM 模型的集成人工和机械等资源的施工计划制订和施工进度管控技术,施工方案四维模拟技术,动态模拟施工方案中重要的施工工艺和流程等,并且通过建立四维施工信息模型,将建筑物及其施工现场三维模型与施工进度计划相链接,与施工资源和场地布置信息集成一体,按不同的时间间隔对施工进度进行正序或逆序四维模拟,形象反映施工计划和实际进度。通过实际案例 BIM 技术应用,明晰 BIM 技术应用的优越性,探讨 BIM 引入现阶段存在的问题,为 BIM 在施工计划管理中的推广和应用做出有益探索。

1. 研究路线

大型建设项目的一个突出特点就是许多不同的参建单位要在有限的施工场地上开展大量不同的工作,这必然会导致各个参建单位的工作冲突,例如人员进场顺序、机械设备、周转材料的存放等问题,如果没有精细的工作计划将导致大量的时间浪费,降低建设效率。

本章按照"提出问题""分析问题""解决问题"的思路进行,将 BIM 的四维技术深入应用于后世博建筑群世博大厦项目,并且对现阶段项目计划管理存在的问题进行探讨研究。具体研究技术路线图如图 3-23 所示,项目 BIM 实施方案如图 3-24 所示。

目前,相关技术在项目施工进度管理中的应用是孤立的,虽然单独应用某项技术给项目管理带来了很大好处,但远远低于技术间集成应用的效益。BIM 及其相关技术的出现为工程项目管理带来极大的价值和便利,尤其是项目全生命周期内信息的创建、共享和传递,能够保证信息的有效沟通。只有将相关信息技术进行集成,并构建基于 BIM 的进度管理体系,才能消除传统信息创建、管理和共享的弊端,更好地实现工程项目进度管理信息化,从而提升项目管理的效率。

2. 施工计划管理 BIM 技术实现

(1)三维建筑信息模型的构建。三维建筑信息模型的构建是进度管理中 BIM 技术应用的第一步工作。三维建筑信息模型构建的 BIM 信息平台是 BIM 技术在进度管理中一切功能实现和应用的基础。在设计阶段,各专业工程师应用 BIM 核心设计软件完成相关专业模型的建立,并进行各专业模型的整合。三维建筑信息模型伴随项目设计阶段工作的完成而初步建立,从而形成项目后续管理中 BIM 相关技术和功能实现的基础。世博大厦三维建筑与结构模型如图 3-25、图 3-26 所示。

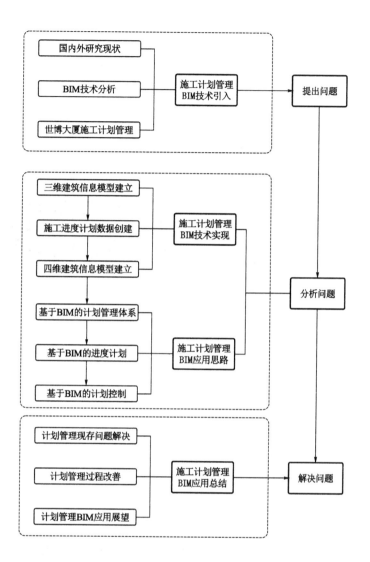

图 3-23　技术路线图

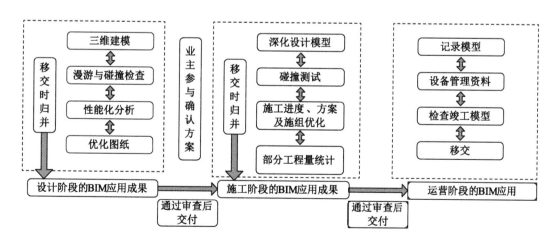

图 3-24　项目 BIM 实施流程

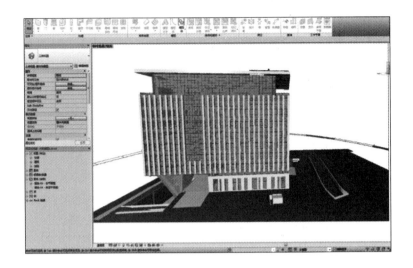

图 3-25　建筑模型

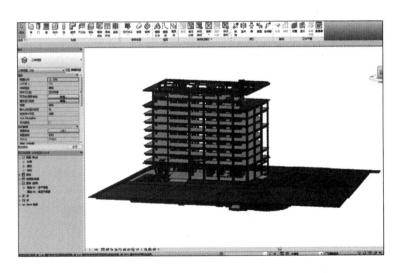

图 3-26　结构模型

（2）项目施工进度数据的创建。项目进度数据的创建是实现基于 BIM 模型的进度管理的重要准备工作。现在 Project 等项目管理软件，集成了甘特图、网络计划等功能。应用 Revit 软件创建的三维建筑信息模型承载着建筑物的大量可用信息，施工进度数据的创建基于三维建筑信息模型平台以及应用 WBS 技术分解项目工作结构的基础，以 Project 等项目进度管理软件为工具进行，如图3-27所示。

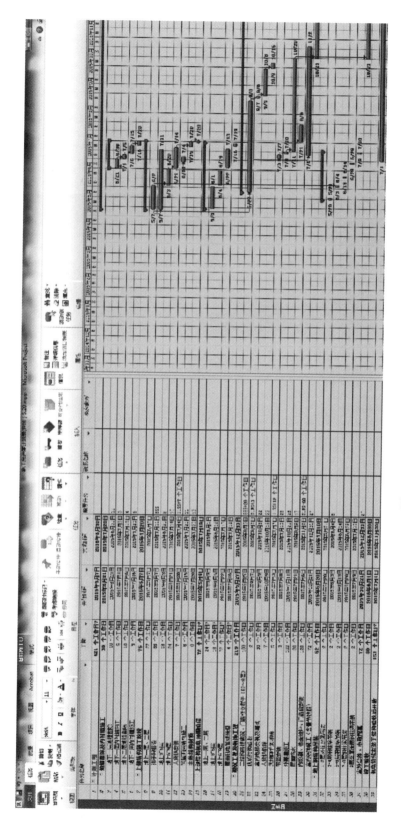

图 3-27　Project 创建项目进度计划

(3) 四维建筑信息模型的实现。四维建筑信息模型的实现主要通过兼容协议开发具有单一因素功能的软件,如 Autodesk 公司的 Navisworks 软件,与已建立的三维模型整合,从而在功能上实现四维建模,完成项目的集成化管理。Navisworks 能够导入 BIM 三维建筑信息模型,并对其进行全面的分析和交流,协助项目人员预测施工流程。软件将设计师和工程师完成的不同专业模型进行整合,形成单一、同步的最优化信息模型。Navisworks 产品提供模型文件和数据整合、照片级可视化、动画、四维模拟、碰撞及冲突检测和实时漫游等功能。使用 Navisworks 创建世博大厦四维建筑信息模型,如图 3-28 所示。

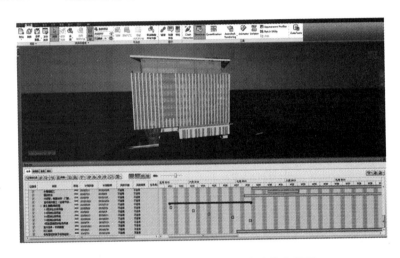

图 3-28　Navisworks 创建四维建筑信息模型

3. BIM 技术下进度计划表达方式

(1) 适合业主的进度计划表达方式。一个建设项目,特别是大型的复杂建设项目,业主作为整个项目最重要的参与单位,往往会要求对整个建设项目有一个整体的把控,但业主没必要对项目的具体实施细节进行了解,具体的管理工作可以由项目管理单位执行。在 BIM 技术模式下的进度计划与控制体系融合了各个参与单位的共同管理理念,业主可以随时获得与项目进度有关的所有信息数据,但同时也需要对业主这一特殊的参与单位编制更为易于掌握全局的进度计划表达方式。可以很清楚直白地传递进度信息。该表达方式将主要以总进度计划为基础,以 BIM 模式下可视化的全局漫游方式,形成包含整个建设项目主要里程碑节点的视频文件,以及各种类型的进度计划图表,全局性三维视图表达,如图 3-29 所示。

(2) 适合具体执行层的进度计划表达方式。BIM 技术下建设项目进度计划编制达到的效果应该是直接在现场的施工人员能够完全明白进度计划制订者,也就是项目 BIM 计划团队的施工意图,这样才能够在现场实施阶段完全按照进度计划进行。传统的进度计划表达方式一般就是横道图,而复杂的建设项目则会应用网络计划图,这两种二维的图表总会使具体施工人员产生误解,而且由于各个建设项目并不完全相同,实际施工工艺也会千差万别,

图 3-29　全局性三维视图

在施工之前不能详细了解相关知识往往会造成返工,所以引入 BIM 之后施工可视化的表达就可以解决这个问题,如图 3-30 所示。因此可视化的施工过程培训加上传统进度计划图表的辅助是应对逐渐复杂的工程项目以及向建设项目具体执行层表达的必然选择。

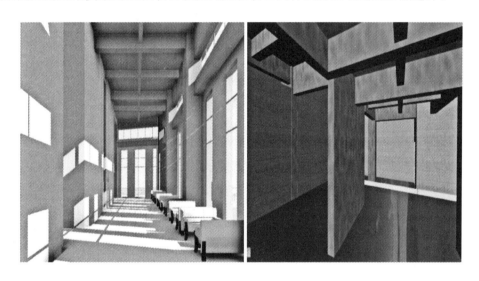

图 3-30　局部施工可视化表达

相对于传统建设企业编制的建设项目施工进度计划的横道图、网络图,基于 BIM 的可视化仿真模拟的优点显而易见,如图 3-31、图 3-32 所示。在工程施工中,利用可视化进度计划表达方式可以使全体参与人员像看电影一样很快明白自己所要从事的工作。同时,需要指出的是,可视化的进度计划表达方式在向施工层面上传递信息时只是起到了能引起施工人员注意的功能,具体在施工时还需要有一定施工经验和管理能力的现场施工管理者负责事前培训,施工中指导,发现问题及时协调沟通的工作,这样才能更好地利用好 BIM 这个工具,以此发挥项目计划团队的作用。

4. BIM 技术进度计划编制

项目进度计划是完成任务、提交可交付物、通过里程碑节点、最终按时完成项目目标的

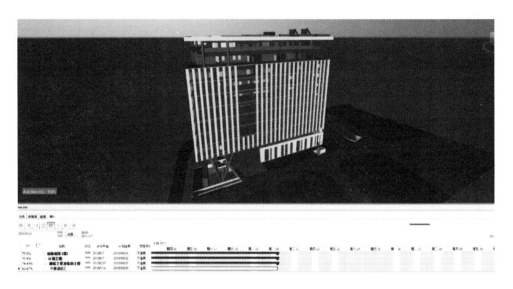

图 3-31　可视化的施工进度

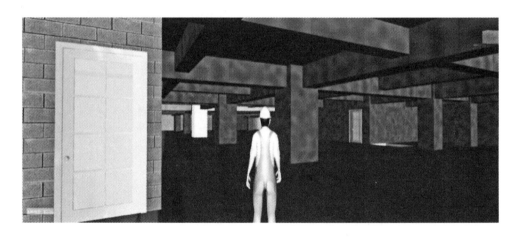

图 3-32　建筑互动漫游

路线图。制订项目进度计划与时间管理最相关。制订准确可行并真实反映项目运作情况的进度计划,需要确定作业工期,作业间逻辑关系,并分配资源,估算成本,设定预算。利用 BIM 技术进行计划编制主要分为四个步骤:

(1)作业时间估算。

(2)建立工作间的逻辑关系。

(3)资源的建立与分配。

(4)成本估算与预算设定。

进度计划初步完成后,需对计划进行分析,以此确认计划本身的合理性。对于项目高层次计划的分析主要包括:项目计划内容是否全面;作业是否为 WBS 最小级别的详细划分、是否便于计划的控制；主要资源、费用分配；作业工期；施工工序逻辑关系；施工工序限制条件；施工工序时差；主要工序交接点；工作产品及文档是否分配到相应的WBS与作业上等内容。基于BIM的进度管理体系提供了网络优化、进度目标对比分析、赢得值分析、4D模拟分析等功能，各种分析结果对合理确定项目控制目标具有很大作用。

5. BIM技术进度计划的优点

基于BIM的大型建设项目进度计划编制过程是反复通过计算机平台对进度计划的模拟，可以加入事前对可能发生问题的预判，制订预案，整个完善的进度计划可更加高效、简洁地指导现场施工，主要优点如下：

（1）完整的建筑信息模型。由于BIM模型本身包含由业主、项目管理单位、监理单位、总包单位、分包单位和供货单位提供的与建设项目有关的所有基本信息，从设计阶段开始各个参与单位、各个专业工程师就能够协同合作，互通有无，能够了解项目建设的目标，能够从资金、人员、机械和材料各个方面保证建设项目按照预先制订的进度计划进行。综合了建设项目设计阶段能够掌握的全部资料，经过多方参与工程师的全部讨论通过，使建设项目的现场施工过程变为真正的按图施工。

（2）高度协同的项目管理组织。现阶段，随着建设项目越来越复杂，要能充分利用最新的技术手段更好地实现建设项目的利益就要高效协同实现各个专业性很强的工程师，BIM模型提供了这样一个协同工作的平台，现场施工经验丰富的工程师能够在这个平台上发现进度计划存在的问题，通过有效的交流沟通，使其他专业工程师调整自己的施工过程，从而避免现场施工完成后再互相扯皮、推卸责任。使各个参与单位、各个专业工程师形成一个项目BIM计划团队。

（3）可视化的进度计划表达方式。举一个简单的例子，对于没有文学功底的人来说，看电影要比看书更能理解作者想讲的故事。通过虚拟设计、施工技术以及增强现实技术，项目BIM计划团队能够用可视化的方式向建设项目管理层、具体建设项目施工层或者参观者各个角度展现建设项目要实现的目标，使不同教育背景层次的建设项目参与者能以更加简洁易懂的方式了解互相要表达的内容，使现场从事施工的人员能够很好地掌握和了解进度计划，目的是使由于施工方式、方法不对造成的进度拖延降到最低。

6. BIM技术进度计划控制

施工前现场计划虽然做得比较详细，但是要想顺利按照制订的进度计划实施基本上是不可能的，因为现场可变因素比较多，再完美的计划也会遇到不为项目管理团队所控的意外事件。因此基于BIM技术的进度计划控制研究显得尤为必要和紧迫，在进度计划实施过程中应经常检查实际进度与计划进度的偏差，分析偏差出现的原因，采取措施修正进度计划，有一个动态控制的过程，确保建设项目进度总目标的最终实现。

1）项目进度跟踪

为了实现项目范围、进度和成本间的平衡，经过分析确认的项目计划，可以作为目标计划。施工项目作业均定义了最早开始时间、最晚开始时间等进度信息，所以系统可提供多个目标计划，以利于进度分析。项目目标计划并不能一成不变，伴随项目进展，需要发生变化。在跟踪项目进度一定时间后，目标进度与实际进度间偏差会逐渐加大，此时原始目标计划将失去价值，需要对目标计划作出重新计算和调整。在系统中输入相应进度信息后，项目计划会自动计算并调整，形成新的目标计划。

基于 BIM 的进度管理系统提供项目表格、甘特图、网络图、进度曲线、四维建筑信息模型、资源曲线与直方图等多种跟踪视图。所有跟踪视图都可用于检查项目，首先进行综合检查，然后根据工作分解结构、阶段、特定 WBS 数据元素进行更详细的检查，以四维建筑信息模型跟踪视图为例，如图 3-33 所示。同时基于 BIM 的进度管理系统提供目标计划的创建与更新，还可将目标计划分配到每项工作。更新目标计划时，可以选择更新所有作业，或利用过滤器更新符合过滤条件的作业，还可以指定要更新的数据类型。对目标计划作出更新后，系统会自动进行项目进度计算并平衡资源分配，确保资源需求不超过资源可用量。在作业工期内，如果可用资源太少，则该作业将延迟。另外，对资源信息进行更改后，需要根据BIM 模型提供的工程量重新计算费用，以便得到精确的施工费用值。

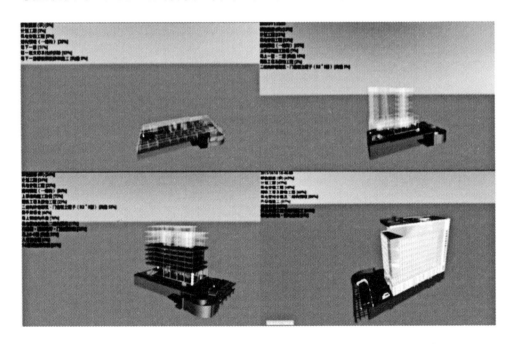

图 3-33　施工进度模拟跟踪截图

2）工程实施阶段进度分析与偏差

在维护目标计划更新进度信息的同时，需要不断地跟踪项目进展，对比计划进度与实际进度,发现偏差和问题,通过采取相应的控制措施,解决已发生问题并预防潜在问题。基于 BIM 的进度管理体系从不同层次提供多种分析方法,实现项目进展全方位分析。实施阶段需要审查进度情况、资源分配情况和成本费用情况,使项目发展与计划趋于一致。

(1)进度情况分析。进度情况分析主要包括里程碑控制点影响分析、关键路径分析以及计划与实际进度的对比分析,通过查看里程碑计划以及关键路径,并结合作业实际完成时间,可以查看并预测项目进度是否按照计划时间完成。关键路径分析,可以利用系统中横道视图或者网络视图进行。

(2)资源情况分析。项目进展中,资源情况分析主要是在审查工时差异的基础上,查看资源是否存在分配过度或分配不足的情况,基于 BIM 的进度管理体系,可通过系统中提供的资源剖析表、资源直方图或资源曲线进行资源分配情况分析,而资源视图则可结合甘特图跟踪视图显示资源在选定时间段中的分配状况和使用状况,及时发现资源分配问题。

(3)费用情况分析。大多数项目,特别是预算约束性项目,实施阶段中预算费用情况的分析必不可少。如果实际进展信息表明项目可能超出预算,需要对项目计划作出调整。基于 BIM 的进度管理系统,可利用费用剖析表、直方图、费用控制报表监控支出。在系统中输入作业实际信息后,系统自动利用计划值、实际费用,计算赢得值评估当前成本和进度绩效。长期跟踪这些值,还可以查看项目的过去支出、进度趋势以及未来费用预测。

3)纠偏与进度调整

在系统中输入实际进展信息后,通过实际进展与项目计划间的对比分析,可发现较多偏差,并指出项目中存在的潜在问题。为避免偏差带来的问题,项目实施过程中需要不断调整目标,并采取合适的措施解决出现的问题。项目时常发生完成时间、总成本或资源分配偏离原有计划轨道现象,需要采取相应措施,使项目发展与计划趋于一致。若项目发生较大变化或严重偏离项目计划进程,则需重新安排项目进度计划并确定目标计划,调整资源分配及预算费用,从而实现进度平衡。

项目进度的纠偏可以通过赶工等改变实施工作的持续时间来实现,但通常需要增加工时消耗等资源投入,要利用工期与资源或者工期与费用优化来选择工期缩短、资源投入少、费用增加少的方案。另一种途径是改变项目实施工作间的逻辑关系或搭接关系,不改变工作的持续时间,只改变工作的开始时间和结束时间。如果这两种途径难以达到工期缩短的目的,当出现工期拖延太严重时,需要重新调整项目进度,更新目标计划。对进度偏差的调整以及目标计划的更新,均需考虑资源、费用等因素,采取合适的组织、管理、技术、经济等措施,这样才能达到多方平衡,实现进度管理的最终目的。

3.3.2　超大项目群施工进度模拟

设计与施工脱节一直是行业里的难题。从设计的角度去考虑施工,可以减少项目的施工难度,进而缩短施工进度,更好地实现施工交底。

通过 BIM 实现项目群体的施工进度模拟,研究可视化技术模拟关键工序和相关工艺,各项目建设方及其他参与方可以形象直观地预先了解施工可能的推进过程,增强对项目进度的把控。

1. BIM 在工程进度管理中的应用

1) 基于 BIM 的进度管理的框架

基于 BIM 的进度管理系统所依赖的 BIM 信息平台划分为界线清晰、逻辑性强的三大子系统,分别是信息采集系统、信息组织系统、信息处理系统。其中,信息采集系统负责自动采集来自业主方、设计方、施工方、供应商以及其他项目参与方的有关项目的类型信息、材料信息、几何信息、功能构件信息、工程量信息、建造过程信息、运行维护信息、其他属性信息等项目全生命周期内的一切信息。信息组织系统在此基础上进一步构建,按照特定规则、行业标准和实际应用需要对信息采集系统采集的信息进行编码、归类、存储、建模。信息处理系统则是利用信息组织系统内标准化和结构化的信息在项目全生命周期内为项目各参与方提供施工过程模拟、成本管理、场地管理、运营管理、资源管理等各方面支持。信息采集系统、信息组织系统、信息处理系统三者之间是一种层层递进、前者是后者的基础的关系,如图3-34所示。

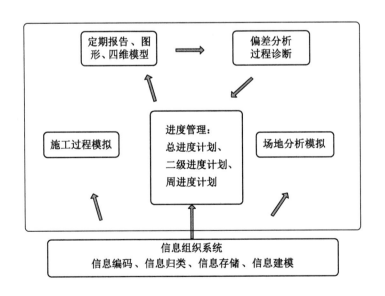

图 3-34　基于 BIM 的进度管理框架

2）基于 BIM 的进度管理流程

设计阶段 BIM 进度控制流程及说明如图 3-35 所示。

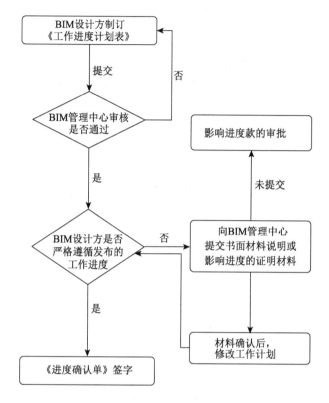

图 3-35　设计阶段进度控制流程图

进度控制需要 BIM 管理中心和各 BIM 设计方相互协调配合,由业主和 BIM 管理中心共同监督完成。在项目启动前,单个项目的 BIM 设计方需向 BIM 管理中心提交 BIM 实施的《工作进度计划表》,经 BIM 管理中心审核后进行发布。BIM 设计方按照发布的进度计划实施,如无法按照计划进行,需提交书面说明材料和影响进度的证明材料等,如未按时提交相关材料,相关审核人可拒绝在《进度确定单》上签字,这将影响进度款的审批。

施工阶段 BIM 进度控制流程及说明,如图 3-36、图 3-37 所示。

进度控制需要 BIM 管理中心、施工总包、BIM 施工方相互协调配合,由业主和 BIM 管理中心共同监督完成。在项目启动前,BIM 施工方需辅助施工总包制订施工阶段 BIM 的工作计划,然后提交 BIM 实施的《工作进度计划表》(图 3-38),经 BIM 管理中心审核后进行发布。BIM 施工方应按照发布的进度计划施工,如无法按照计划进行,需提交书面说明材料和影响进度的证明材料等,如未按时提交相关的材料,相关审核人员可拒绝在《进度确定单》上签字,这将影响进度款的审批;如按时提交相关材料,并经 BIM 管理中心确认审核通过后,可对原有的工作进度计划进行修改,按照最新的工作计划实施工作。

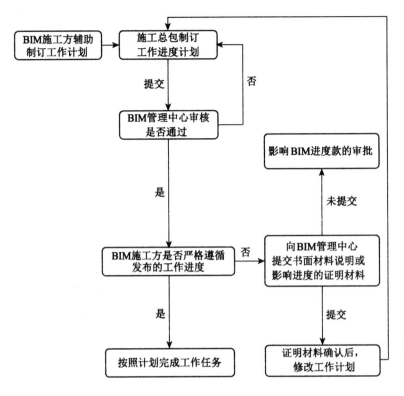

图 3-36　施工阶段进度控制流程图

进度确认单 (BIM)

项目名称：　　　　　　　　　　　　　　　　　　　BIM 单位：

如无任何延期：

现确认＿＿＿＿＿＿＿＿＿＿＿＿工程按照计划进度完成本阶段的工作任务。

BIM 管理中心：　　　　　　　　　　　　　日期：

如延期：

该单位已经提交延期的原因和理由 (延期材料见附件：＿＿＿＿＿＿＿＿)，现已按照修改过的进度完成本阶段的工作任务。

BIM 管理中心：　　　　　　　　　　　　　日期：

图 3-37　工作进度确认单

工作进度计划表(BIM)

工程名称:_____　　　　BIM 单位:_____

致:_____(BIM 管理中心)

现报上_____工程的 BIM 实施计划安排,
请批准。

BIM 项目经理:　　　　　　　　日期:　　　年　　　　月　　　　日

工作任务	计划开始时间	计划完成时间

上述计划满足总的项目进度计划要求,可以按此计划实施 BIM 工作。

□ 同意　　□ 修改后再报　　□ 不同意

项目经理:　　　　BIM 管理中心:　　　　BIM 指导委员会:

日期:　　　年　　月　　日

图 3-38　工作进度计划表

以上流程与协同平台互相结合,将流程嵌入平台(PW 平台)中,各参与方可实时高效对进度进行管理和控制。

2. BIM 对工程进度管理中的影响

基于 BIM 技术的进度管理,通过虚拟施工对施工过程进行反复模拟,可使施工阶段可能出现的问题在模拟环境中提前发生,逐一修改,并提前制订应对措施,使进度计划和施工方案最优,再用来指导实际的项目施工,从而保证施工项目顺利完成。

1) BIM 模型包含了完整的建筑数据信息

BIM 模型与其他建筑模型不同,它不是一个单一的图形化模型,BIM 模型包含完整的建筑信息,如构件材质、尺寸数量以及项目位置和周围环境等。因此,通过建筑模型附加进度计划而成的虚拟建造,可以间接地生成材料和资金的供应计划,并且与施工进度计划相关联。根据施工进度的变化进行同步自动更新,将这些计划在施工阶段开始之前与业主和供货商进行沟通,让其了解项目的相关计划,从而保证施工过程中资金和材料的充分供应,避免因资金和材料的不到位对施工进度产生影响。

将修改后的三维建筑模型和优化过的四维虚拟建造动画展示给项目的施工人员,可以让他们直观地了解项目的具体情况和整个施工过程。这样不仅可以帮助施工人员更深层次地理解设计意图和施工方案要求,减少因信息传达错误而给施工过程带来不必要的问题,而且可以加快施工进度、提高项目建造质量,保证项目决策尽快执行。

2) BIM 技术基于立体模型,具有很强的可视性和操作性

世博 B 片区属于项目群体,对于施工进度的协调性要求较高,进度计划的不合理将严重干扰相邻建筑的施工进度计划。因此,BIM 在项目群体的进度计划中发挥着重要的作用,可减少相互之间的干扰,达到合理优化和可视化协调建筑单体之间进度的目的。BIM的设计成果是高仿真的三维模型,设计师可以以第一人称或者第三人称的视角进入建筑物内部,对建筑进行细部检查;可以细化到对某个建筑构件的空间位置、三维尺寸和材质颜色等特征进行精细化修改,从而提高设计产品的质量,减低因为设计错误对施工进度造成的影响;还可以将三维模型放置在虚拟的周围环境中,环视整个建筑所在区域,评估环境可能对项目施工进度产生的影响,从而制订应对措施,优化施工方案,如图3-39所示。

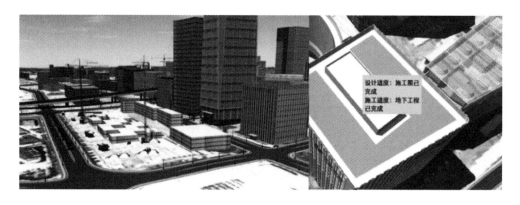

图 3-39　B 片区项目群体进度计划的三维可视化模拟

3) BIM 技术更方便建设项目各专业之间协同作业

BIM 模型也是分专业进行设计的,各专业模型建立完成以后可以进行模型的空间整合,将各专业的模型整合成为一个完整的建筑模型。计算机可以通过碰撞检测等方式检测出各专业模型在空间位置上存在的交叉和碰撞,从而指导设计师进行模型修改。避免因模型空间碰撞而影响建设项目各专业协同作业,从而影响项目的进度管理。

3. 世博 B 片区央企总部基地应用效果分析

世博 B 片区央企总部基地项目通过运用四维进度模拟,为项目的实施、进度控制提供了基础,论证了施工进度计划的准确性,更直观、有效地展示了现场施工方法、施工区域、施工工序的效果,可以完整地完成施工现场各项进度的对比,有助于施工方案的选择和优化,真正实现对现场施工进度的管理。

(1) 博成路地下通道的四维应用。博成路三条地下连通道工程在围护施工阶段,涉及钻孔灌注桩、三轴搅拌桩、高压旋喷桩、MJS 工法桩,机械设备比较多,而现场施工场地又非常小,工期非常紧。通过 BIM 将三个通道、施工现场三维模型与施工进度相关联,并与施工资源和场地布置信息集成一体,建立四维施工信息模型。实现建设项目施工阶段工程进度、人力、材料、设备、成本和场地布置的动态集成管理及施工过程的可视化模拟(图 3-40)。

图 3-40 本项目 2# 通道 Navisworks 施工模拟视频截图

(2) B 片区宝钢项目四维应用,工作架构如图 3-41 所示。

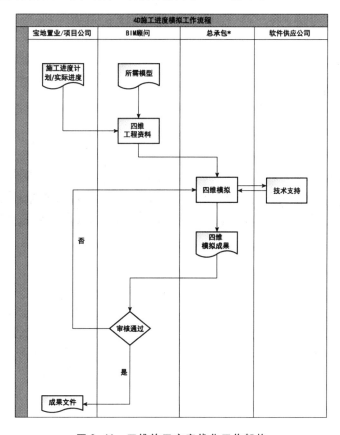

图 3-41 四维施工方案优化工作架构

四维施工进度模拟的主要技术路线如图 3-42 所示,方案优化如图 3-43 所示。

图 3-42　四维施工进度模拟　　　　图 3-43　四维施工方案优化

借助 BIM 5D 插件从 Revit 中导出 E5D 格式模型文件,将 E 5D 格式文件导入 BIM 5D 中,实现进度模拟并得出进度量后,从 BIM 5D 中导出 P5D 格式文件。

顾问收集四维工程资料(业主提供的施工进度计划与实际进度,所需模型)提交给总承包,总承包利用相关软件进行四维模拟,制订合理的施工进度计划,并将实际计划回填。通过四维施工进度模拟可以得出实际进度与计划进度的差异,可实现计划与工程量的关联。

在 Revit 中搭建必要的模型,将搭建的模型保存为 FBX 格式文件,再将 FBX 格式文件导入 3ds MAX 中制作施工方案优化视频,格式为 AVI。

对总承包提供的施工方案通过 BIM 技术进行可视化预演,可以有效地解决人为疏漏,对发现的问题各方进行讨论解决。为现场施工提供了更为直观的预演效果,通过动画模拟反映实际施工问题,大大提高施工效率,如图 3-44 所示。

图 3-44　宝钢项目四维施工进度模拟

3.4 基于 BIM 的协同施工管理平台应用

3.4.1 探索基于 BIM 的协同施工平台

《2011—2015 建筑业信息化发展纲要》中明确指出：加快 BIM、基于网络的协同工作等技术在工程中的应用,加快在施工阶段开展 BIM 技术的研究与应用,推进 BIM 技术从设计阶段向施工阶段的应用延伸。充分利用 BIM 技术,探索基于 BIM 的协同施工平台研究是高效工程管理的大方向、大趋势。

以 BIM 技术应用为载体的施工项目管理信息化,可以提升项目生产效率、提高建筑质量、缩短工期、降低建造成本,结合后世博大型建筑群项目,进行基于建筑全生命期的施工管理平台的研究,实现以 BIM 技术作为构建基础的平台管理系统并持续即时地提供项目各种实时信息,这些信息完整可靠且完全实时协调,同时在网络环境即时刷新,提供访问、增加、变更、删除等操作,使所有项目成员可以清楚了解项目即时状态,为项目决策提供支持。

3.4.2 基于 BIM 模型的施工信息管理平台

1. 平台的选择

根据工程项目自身需求,与法国达索(Dassault)公司进行合作,开发基于 ENOVIA 的协同平台。同达索公司对于平台实现什么样的功能、达到什么样的目的进行深入交流探讨,把建筑行业的工作特点和管理模式纳入平台管理,"上海建工三维可视化信息交互平台"正式落成,目前已在多个项目中运行。

2. 网络登录界面

管理平台网络版登录用户都有指定的用户名和密码,登录界面如图 3-45 所示。

图 3-45 平台登录界面

3. 平台架构

优秀的协同平台需要有合理的架构支撑,并且可以进行建筑信息的交互和传递,如图 3-46 所示,发展基于 BIM 技术的新型管理模式,将项目工程纳入平台管理是取代传统管理模式的有效途径,通过协同平台,构建适合 BIM 发展的工作方式和管理模式。

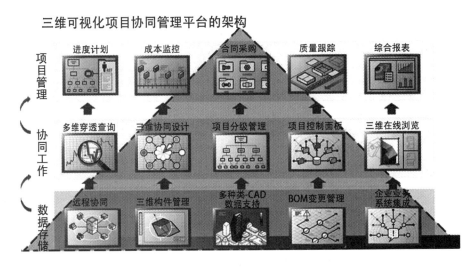

图 3-46　协同管理平台架构

4. 平台功能

(1) 三维可视化。通过登录平台浏览模型,模型经过结构化处理,可按照自定义的树形结构呈现,如图 3-47 所示。

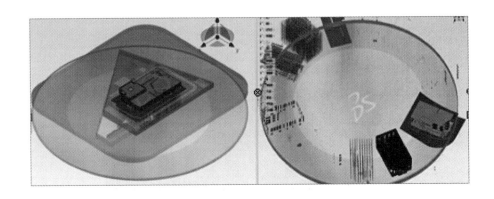

图 3-47　BIM 模型和树形结构

所有的构件都以母体→子体从属的关系呈现在三维罗盘之上,从一个最基础的罗盘一路点击下去,模型可以按系统、子系统依次显示,最终显示到构件等级,为管理模型提供便利。

参建人员可以登录平台网页,在线对模型进行测量、查询、标注等操作,所做的修改和添加将同步更新至服务器,模型测量如图 3-48 所示。

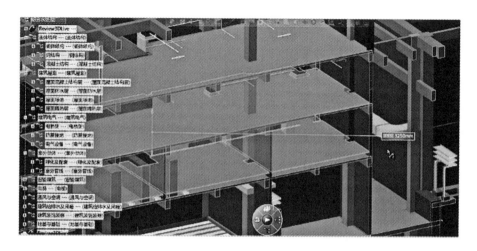

图 3-48 模型测量

平台可通过计算机、上网本、智能手机等多种方式在网页上浏览、查询、测量模型,可视化的范围除 BIM 模型外还包括:全部的模型信息、施工方案模拟、施工进度演示和现场实际情况等,查阅信息如图 3-49 所示。

图 3-49 查阅信息

平台囊括了对传统方式的图纸、技术方案、施工进度、现场管理等各方面的可视化要求,通过登录平台网页就可以掌握项目的基本情况,打破了计算机硬件高额费用和 BIM 软件技术门槛的限制,为项目所有参建人员提供了一个接触 BIM 模型的途径。

（2）信息交互。平台的优势就在于信息交互。不同参建单位可登录平台，在 BIM 模型上发现问题，批注修改的内容，项目其他参与人员可同步获取，极大地提高了沟通效率。

平台最大的研发部分在于将深化设计——三维管线综合的工作流程内嵌于平台之中，如图 3-50 所示，通过对现有 BIM 深化设计软件的二次开发，与平台建立数据接口，平台管理深化设计——三维管线综合的全过程，对于具体问题而言，BIM 的作用不再仅限于碰撞问题的检测，引入平台技术后，将对碰撞问题的分配、修改、审核全过程进行管理。

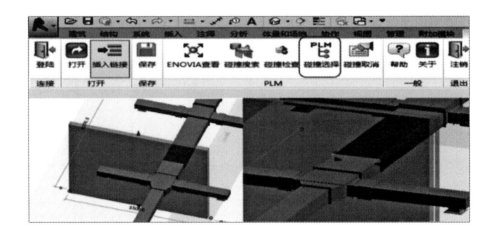

图 3-50　深化设计内嵌于平台

（3）平台类。作为一种项目管理平台类产品，资料集成功能必不可少，本平台从传统的二维图纸到三维模型，从常见办公文件到专业文件，开发建立数据接口，目前支持 Word，Excel，PPT，Project 以及 PDF 等格式的文件调阅，平台与 Word 接口如图 3-51 所示。

图 3-51　平台与 Word 接口

通过平台的检索功能，可以对上传至平台上的所有文档进行自定义检索文档内容修改、文档上传特定日期、特定上传人，等等，灵活的查询方式极大地提高了工作效率，平台上的资料文档是知识的积累，将对企业资料数据库的建设发挥重要的作用。

除此之外，平台在工作流程、施工进度管理方面也具备一系列实用功能。

3.4.3　工程项目应用

1. 文档管理

利用平台进行文档资料归类集成,包括标准文件、会议纪要、施工计划等,如图 3-52 所示,方便工程人员进行在线查看、批阅等,有利于规范施工现场,统一施工标准,既可以提高施工速度,又可以提升管理质量。

图 3-52　文档管理

2. 图纸管理

管理平台还可以进行图纸管理,如图 3-53 所示,集成各专业图纸,实现各专业协同,便于项目工程师查看以及跟踪,发现图纸中存在的问题,及时反馈,减少不必要的时间损耗,提高工作管理效率。

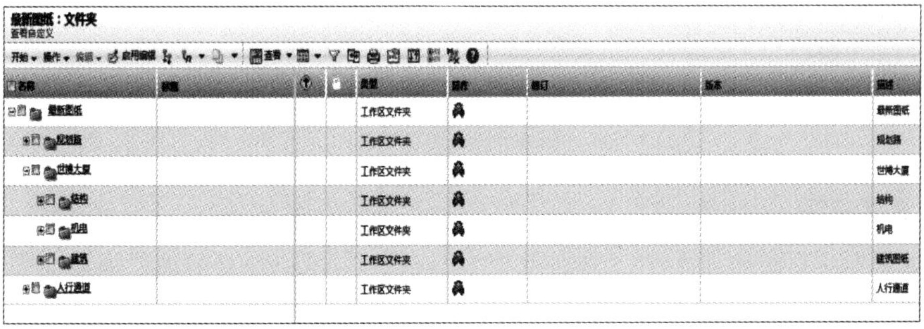

图 3-53　图纸管理

3. 模型管理

BIM 模型是项目管理的基础和依据,特别是整合各个专业的模型。工程师将整合后并且审核通过的模型上传至平台可以完成模型的共享,如图 3-54 所示,最终实现模型在线浏览、批注,如图 3-55 所示,方便各专业工程师进行专业协同,并且依照模型标准进行施工质量验收。同时管理平台还可以通过设置平台权限保护项目模型信息,真正实现基于 BIM 的协同管理平台应用。

图 3-54　模型管理

图 3-55　模型批注

4. 进度管理

结合现场项目实施进度,对比平台计划施工进度,可以快速直观地发现进度偏差,及时发现问题,解决问题,将风险降到最低。智能化平台的引入大大提高工作效率,以平台上整体模型为标准开展工作,一个模型贯穿各个专业,为各专业高效率的协同工作提供了条件,平台施工进度查询如图 3-56 所示。

3.4.4　移动端管理平台应用

基于 BIM 的协同施工管理移动平台系统已成功应用于国家电网示范工程中,该移动平台系统可实现三大业务功能:工程信息、工程会议、进度计划浏览功能。

该技术解决了传统施工过程中信息传递慢、范围局限、效率低下以及由于多层传递导致

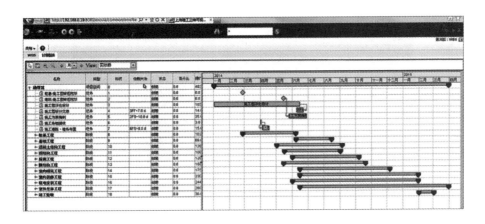

图 3-56　平台施工进度查询

的信息错误问题;解决了传统工程汇报中文字表述无法形象地体现工程质量、安全、进度等问题。

1. 工程概况

国家电网项目位于 B 片区 B03D-01, B03D-03 两个地块,总建筑面积为 94 057 m²,总用地面积 10 485 m²。3# 办公楼为地上 22 层,地下 4 层,建筑面积约为 63 971 m²,其中地下建筑面积 21 038 m²,地上建筑面积 42 933 m²;4# 办公楼为地上 8 层,地下 4 层,建筑面积约为 30 086 m²,其中地上建筑面积 14 895 m²,地下建筑面积 15 191 m²。

2. 施工管理平台主要业务功能

1）工程信息

在施工过程中,用户通过施工管理平台对工程问题（包括安全、质量、进度）进行文字、语音、图片的记录,并设定问题所在的施工区域。点击"发送"按钮,问题信息将上传到服务器并通过服务器自动转发到所有具有相关权限的工程人员移动终端上。

可以通过点击右上角的"新建"按钮创建新的工程信息,对发现的工程问题进行描述,例如工程进度情况、现场发现的安全问题、质量问题等。工程信息可以包括文字、图片、语音等多媒体信息,工程信息列表如图 3-57 所示,新建工程信息如图 3-58 所示。

点击列表中的一条信息或者图片,可进入对应的信息详情界面,这个界面包含了这条信息的具体内容,包括文字、图片、语音以及该条信息的评论,任何看到

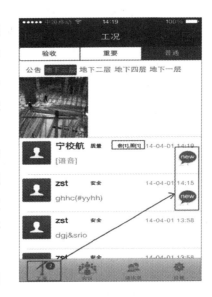

图 3-57　工程信息列表

这条信息的人都可以对这条信息添加评论,如图 3-59 所示。

图 3-58　新建工程信息　　　　图 3-59　评论工程信息

2) 工程会议

通过施工管理移动平台的会议功能,用户可以随时随地发起或参与会议。

如图 3-60 所示,点击列表中的一个会议,可以进入该会议的讨论界面,用户也可以通过下方的信息输入栏参与问题的讨论,这里可以输入文字信息、语音信息、图片信息,会议内容如图 3-61 所示。

图 3-60　会议列表　　　　图 3-61　会议内容　　　　图 3-62　会议搜索

用户也可以通过会议列表界面的右上角创建会议,图 3-62 为创建会议的界面,用户可以在这里输入会议的主题,选择参会人员,点击"完成"按钮后,会有推送信息发送到选择的参会人员的手机上,并可以在会议列表查询到该会议。

3)进度计划浏览

将 BIM 模型与客户端进行互通,通过客户端可以方便地查看工程进度计划,直接对比现场施工进度,施工质量,便于快速发现工程现场施工存在的问题并及时调整。

后世博项目施工管理移动平台是基于移动互联网技术的工程信息交流平台。参建各方(业主、监理、施工单位)可以使用文字、图片或语音记录施工过程中的各种情况。这些信息将自动发送到私有云中保存起来,并根据可定制的权限设置自动推送到相关人员的移动终端上。将传统施工过程中点到点的信息交流方式升级为基于权限设置的网状交流方式。

移动终端上传的工程信息可以与 BIM 模型动态关联,用户可以通过 BIM 模型以及对应各施工部位和工程节点的现场多媒体信息,直观地了解现场的即时施工情况及突发事件处理情况,如图 3-63 所示。

图 3-63　模型浏览示意

4 大型建筑群体数字化协同监督和控制

BIM 作为一种全新的理念和技术,正在引发全球建筑业的变革。在 BIM 技术大力推广的过程中,实现 BIM 在各阶段、各专业间的协同应用,仍面临诸多困难和挑战,主要包括以下几个方面:

(1) BIM 应用缺乏标准规范。BIM 技术能够推进全球一体化以及信息的交流,实现信息交互与共享。现有建筑行业体制、国内标准及规范的差异是推广 BIM 应用亟须突破的障碍。

(2) BIM 应用缺少统筹管理。BIM 的应用已不再是简单的理念和方法问题,更重要的应该是管理和实践问题。在 BIM 应用实践过程中应进行统筹管理,推行 BIM 辅助设计、指导施工、支持后期运营管理,实现项目全生命周期综合应用。目前,BIM 在建筑行业的应用基本依赖于个别复杂项目或某些业主的特殊需求,对项目不同阶段、不同专业及参与方信息缺少统筹管理。充分发挥 BIM 信息全生命周期集成优势,实现 BIM 深层次应用,需要分专业、分阶段深入研究。

(3) BIM 技术产品支持不足。我国缺乏本地化 BIM 技术产品,能够充分利用的标准化 BIM 对象库不足,建立 BIM 模型所需输入的数据源不足。BIM 相关软件涉及不同专业,软件开发企业往往仅考虑自身所在领域软件间的兼容性,BIM 功能的可扩展性差,不同专业之间软件交互性差。因此,企业应创新技术工具,提高软件兼容性与互操作性,实现 BIM 同平台对话。

4.1 现状建模的 BIM 技术应用

现状建模,是指在数字虚拟环境下建立与真实对象相对应、具有一定细节层次的三维模型。通常需要根据建筑物现状,借助建筑物前期的设计图纸以及现场检测数据,重新构建包含了丰富信息的建筑物三维模型。该项技术可将拟建建筑物现场状况以计算机辅助的三维立体形式表现,使用户对建筑物现状和规划设计蓝图有生动、直观的了解和更深刻的认识,从而拓宽使用人员的视角,使城市规划、基础设施设计、在建项目管控更加科学,对于城市可持续发展研究有重要意义。

对于超大项目群,其中包含许多使用功能独立的单体项目,同时也包含了众多服务于多个项目的配套设施,比如市政管网、道路系统以及施工过程中的物料堆场等。由于项目从设计到施工再到后期运营维护整个生命周期里会出现各种形式的变更,这些变更可能会使原本合理的配套需要动态调整,或者会对周围已存在的或同时正在施工的建(构)筑物产生不利影响。遇到这种情况,有效利用先进的信息化技术,将 BIM 技术与三维扫描技术进行结合,分析不同的变更方案会对周围配套提出的不同要求以及产生的不同影响。通过可视化技术直观地看到各变更方案一旦实施将会对项目群产生的不同影响,从而选择对工期、质量、投资以及周围环境产生最小负面影响的合理实施方案,实现多子项、多专业协同。

4.1.1　基于现状建模的场地动态模拟与协调机制

研究基于现状建模的场地动态模拟与协调机制,分析项目从设计、施工到后续运营中,不同的变更方案对项目群产生的影响,选择对工期、质量、投资以及周围环境影响最小的最优实施方案,同时,通过工程实例,指出在实际工程应用中应当注意的问题,提出超大项目群实现场地配套条件动态模拟与协调的具体对策及建议,给出规范操作案例,提升 BIM 技术的应用效果,为促进我国 BIM 技术的深入应用提供参考。

4.1.2　逆向建模

对已有建筑进行三维模拟,让现有建筑通过 3D 科技技术在电脑软件中重现,真实反映其现状,这个过程与现在的从虚拟到现实的设计流程是相反的,因此又称为"逆向工程"。实现逆向建模主要从数据采集研究、点云数据处理研究、现状点云建模研究三个方面展开,其技术路线如图 4-1 所示。

4.1.3　现状建模技术

1. 数据采集

在现状建模初期,首先判断现状的条件,不同的现状条件采用不同的数据采集方式,应综合实际条件和应用需求选择一种合适的信息采集模式。比如大型建筑群的模型,可以采用航拍技术;对于复杂单体建筑可以采用点云扫描技术;对于小型建筑的质量检测,可以采用手持式三维扫描设备;对于投资少又有现状建模需要的项目可以采用照片建模,等等。根据世博大厦的工程特点,首先确定选用点云扫描技术作为数据采集方式,并以此为例对采集过程进行分析:首先分析建筑物的类型和数据需要,确定数据采集的空间(如室内或室外),并设置好采集路线图(包括:经纬仪布置位置、靶标设置位置、平面行走路线图等)。然后进

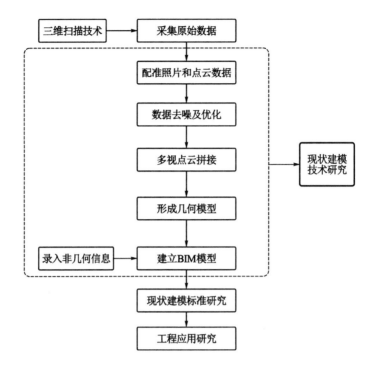

图 4-1　逆向建模技术路线

行采集方案设计,设计内容包括:设备选用、靶标设置、全站仪布站、实施测量、数据复测等。同时,还需要考虑天气、湿度、建筑物的反光度等因素的影响,尽可能优化流程,保证采集数据准确和高效。数据采集的流程图如图 4-2 所示。

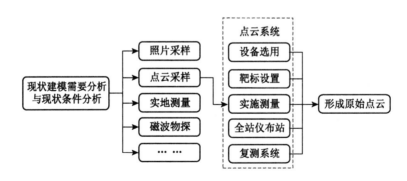

图 4-2　现状数据采集方案与步骤

2. 点云数据处理

现状数据采集完成后,得到的是各个站点的散乱点云数据,必须依照统一的全站仪或经纬仪坐标系进行整合,并依照点云数据配准方法和原则进行处理,以实现构建模型的统一。一般情况下,配准拼合完成后的数据量非常大,必须对整合模型进行压缩处理以降低对硬件的需求。压缩处理完成后,需要进行降噪和补洞处理,去除多余无用数据,修补由于遮挡形成的点云孔洞,最终形成点云模型。

1)点云数据去噪及优化

三维点云是通过非接触的方式采集目标的表面特征点信息,数据的形式称为点云,在点云信息采集的过程中,存在数据量庞大且点云之间缺乏相应的逻辑关系,在将采集的数据转换完成工程可用的三维模型之前需要对点云大数据进行预处理,即点云数据去噪。一般的去噪算法主要为均值漂移去噪算法。

均值漂移去噪算法,是对空间中的某一位置密度梯度估计,根据梯度将空间中的点沿梯度方向不断移动,直到梯度为零。该算法有效地剔除了点模型的离群点噪声和随机噪声,大大提高了数据处理的速度,并且也提高了后续的重构速度,同时较好地保持了模型的尖锐特征。降噪前后的模型对比如图 4-3 所示。

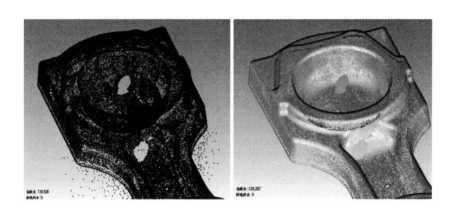

图 4-3 降噪前后的点云模型对比

图 4-3 扫描文件中有很多点云噪声,不仅干扰了后期建模的判断,也增大了点云的模型体量,必须对噪声点云进行降噪处理才能进入建模环节。

2)点云数据压缩处理

点云数据庞大,在开始模型工作之前必须进行点云数据的压缩。同时,压缩的过程中不能损害代表关键几何信息的点云数据,如建筑的边缘、构件的角点。常用的压缩算法包括:比例压缩算法、基于距离的压缩算法、基于 B 样条拟合曲线偏差的压缩算法等。

3)点云孔洞的填补

在测量过程中,由于物体的遮挡关系、玻璃材质的透光、物体的自身形状的限制,致使扫描的点云模型中有大量的点云孔洞部分,必须根据孔洞周边点云的变化规律、支撑条件以及物体表面的总体变化规律进行填补。一般是通过邻近点的邻近关系,计算孔洞点邻近区域,通过网格的拾取,分析出空网格和实网格,利用孔洞周边空间各点的多尺度特征求出曲率关系,利用采样 B 样条曲线进行边界拟合,拓展周围网格的曲率关系填补孔洞,如图 4-4 所示。

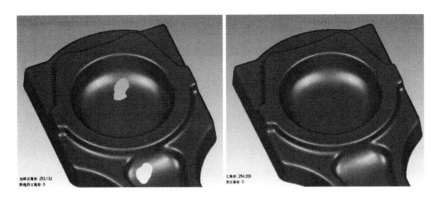

图 4-4　孔洞的填补后的模型对比

3. 现状点云建模研究

从点云模型到 BIM 模型,需要从点云中提取需要的特征点、特征线、特征面,根据不同的需求和条件生成不同的元素。利用得到的特征点或者特征线形成特征面,或者通过三角形法或自动切片法形成特征面。特征面建立后,通过拉伸或者放样,形成三维模型,利用工程中已知的图纸或合同信息再赋予三维模型非几何属性,即完成 BIM 模型。现状点云建模研究包括点云建模技术和点云与 BIM 碰撞检查。

(1) 利用点云建模技术,实现点云中自动识别和建模技术,这对建筑工程现状建模,特别是复杂大型工程有着非常重要的意义。对于大型建筑工程,进行现状建模属于前期工作,必须高效快速地完成模型,才能便于后期工作的开展。通过对点云的拓扑分析,自动形成 BIM 里面的墙体、构件边线,特别是对于蜿蜒复杂的管道模型,软件通过对一组点云的分析,自动判断管道外形轮廓、管件的中心线,如图 4-5 所示。

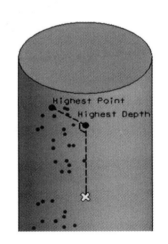

图 4-5　点云通过采集一个区域自动形成管状模型

除了利用点云自动创建管道,还可以自动创建建筑、地面等。特别是对于大型建筑群,必须真实反映现有周围建筑的概况,并将其纳入 BIM 模型中进行综合分析管理,比如考虑现有建筑群对新建建筑物的通风、采光以及施工过程中出现的工程开挖、现场交通路线规划、现场原料堆放等影响。

(2) 结合点云与 BIM 碰撞检查,即对现状建模中的虚拟模型(BIM)与现实建筑点云模型之间进行对比检查,在施工前期有利于施工过程中对已有建筑或者设施的碰撞检查,有效的施工组织设计规避施工碰撞干涉,将现有建(构)筑物的因素纳入施工组织设计的考虑范畴;在施工后期可以利用扫描点云对比施工质量,作为施工质量检查的有效措施,既可以节省大量的人力测量工作,又可以避免一些危险测量作业,降低工程安全事故。对于现场特别繁忙且并行施工的建筑群,采用结合现状的 BIM 动态模拟技术,可以化解施工潜在的风险,优化施工组织流程,提高现场工作效率。

4.1.4 工程应用中的现状建模技术

本项目应用了多项技术,并在实际使用中对研究提供支持,优化升级,得出最后的研究成果,其中 GIS 数据采集和分析侧重于地块土地使用情况、描述周边环境;现状建模应用侧重于施工场地的现状描述以及在动态施工过程中不同工序在场地应用中动态协同管理。建立真实的地面模型是分析的基础,本示范项目的现状建模流程设计如图 4-6 所示。

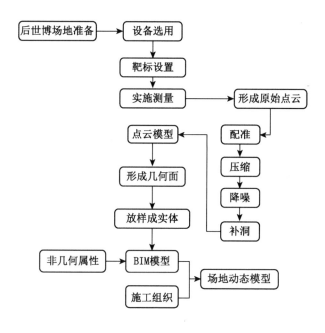

图 4-6 现状建模流程图

按照主要工程进展,工程的应用大致可以分为现场踏勘了解、现场实施扫描作业、点云处理与 BIM 建模、后期应用四个阶段,形成 BIM 模型后的应用阶段就可以根据需要从 BIM 中提取不同的信息进行各式各样的应用了。

1. 现场踏勘

本示范项目进行了多次现场踏勘,分析周边环境对扫描作业的影响条件,现场实际情况的条件,决定使用 FARO 三维激光扫描仪进行现场作业,Focus3D X330 是一款具有超长扫描距离的高速三维扫描仪。Focus3D X330 将扫描范围扩展至全新的尺寸,能够在阳光直射下扫描最远距离为 330 m 的物体;这款设备扫描速度快,根据本项目设置的精度要求,每个站点进行 360°扫描的时间在 10 min 左右,最大可能地降低了扫描作业对现场施工进度的干扰。场地与仪器如图 4-7 所示。

图 4-7　场地现场实景照片与 FARO Focus3D X330 扫描仪

2. 扫描作业

经过第一阶段的现场踏勘,开始现场扫描作业。本项目的扫描推进路径如图 4-8 所示。

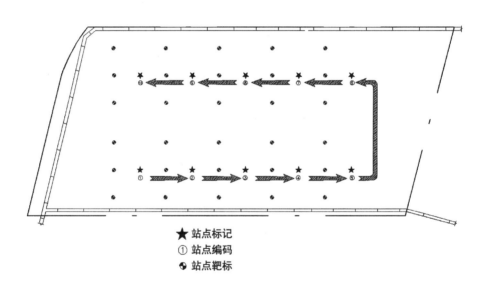

★ 站点标记
① 站点编码
🌐 站点靶标

图 4-8　后世博项目场地扫描推进路径图

现场的站点纵向布置间距为 20 m,横向间距为 12 m,三个靶标间距为 6 m,横向间距为 12 m,满足扫描形成点云文件的重合要求,站点布置好后将扫描仪安装就位,靶标布置到相应的位置,如图 4-9 所示。

该项目场地扫描经历了 10 个站点,不仅扫描了本项目的场地,也将场地周边的环境进行了描述,以便后期工作的调用。

图 4-9 场地扫描仪安置(左)、靶标准备(中)、靶标放置(右)

3. 点云处理与 BIM 建模

现场扫描得到的点云基本属于原始数据,必须将各个工作站的扫描数据进行拼合处理,将配准拼合放在降噪和压缩之前,在本示范项目中,模型配准用的是 FARO 扫描仪自带的软件系统,图 4-10 是配准之前的点云模型文件。

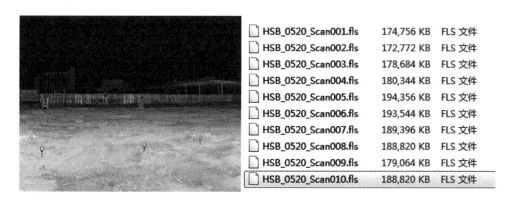

图 4-10 部分现场扫描点云(左)及各站点云文件(右)

通过靶标以及参照物进行配准合并,并对配准的精度进行设置,从而得到最初的整体模型,图 4-11(左)是在 FARO SCENE 中进行合并的精度设置,图 4-11(右)是合并后的原始点云模型。

点云拼合后数据非常大而且不完整,所以必须进行接下来的处理,降低模型的体量,以便后期模型的调用。首先进行降噪处理,将建筑周边不需要的车辆、树木进行清理。为曲面

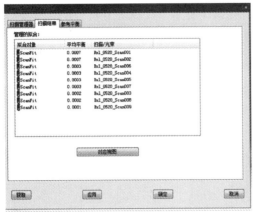

图 4-11 点云模型拼合精度控制(左)及各站点云文件(右)

模型进一步建模做准备,利用点云软件处理工具将坐标系转正,然后对周边树木车辆进行初步清理,施工围栏以及围栏以内的车辆设施等紧贴场地周围的信息将保留。其次对点云数据按照原来密度的80%进行压缩处理。操作完成后的效果如图 4-12 所示。

图 4-12 降噪压缩处理后的点云模型

将地面的点云通过软件处理,将地面部分过滤生成曲面模型,曲面模型是生成整个实体模型的基础,图 4-13 是该项目场地的地面模型。

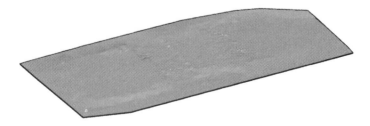

图 4-13 点云生成的地面模型

通过在软件中设置土层厚度的功能,设置地面的厚度,为了在展示过程中方便浏览,本项目将土层设置在10 m左右,图4-14(左)是由地面模型进行厚度处理后的结果,图4-14(右)是将点云文件附加到场地模型。

图4-14 点云生成实体场地模型(左)与点云结合场地模型(右)

4. 后期应用——动态协同

本示范项目将以动态施工中的设备运输、交通组织及安全管理中的危险源规避作为主要研究对象。通过现状建模与BIM的结合能够使施工运输车辆的运行路线更贴合真实的施工现场,保证施工现场调度计划能够按照施工进度落实和执行,降低因为交通运输路线调整对相邻建筑、相关施工工艺的干扰,为高效快速的建筑施工及建筑群并行施工提供可靠的保障。

由于该项目处于世博建筑群中,交通组织必须考虑路线调度对周边建筑的影响,同时也要考虑周边建筑对本项目的影响,结合周边建筑施工、现状建模场地、不同运输车辆以及不同方向进出施工现场的模拟等,交通运输动态模拟如图4-15、图4-16所示。

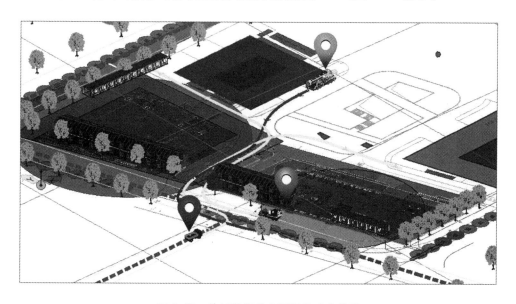

图4-15 施工现场的交通运输动态模拟

图4-16中有三辆不同的车辆,其中1号标记吊车是从相邻项目施工现场由内向外行驶,2号标记的为搅拌车由混凝土站驶向相邻的工程项目,3号标记的为运输小卡车,由外部

图 4-16 施工现场的交通运输动态模拟（结合点云）

驶向该项目工地,箭头路径代表由外向内行走,所有的车辆集中通过一个通道,所有的车辆进出都是依据现场的施工进度,但是由于各种交通管制原因导致有的车迟到,有的车先到,这样有可能在现场有限的交通空间内产生冲突,甚至堵塞主要的交通干道,从而对施工现场造成影响,影响正常的施工进度。

虽然有模拟的施工现场解决方案,但是如何落实到实际车辆运行控制中,这会遇到诸如交通管制、事故而造成的车辆拥堵以及施工现场周边的交通与 BIM 模型中的假设不一致等情况,正准备吊装的构件迟迟不能到场,下一批次的构件却提前到场,占掉优先的施工场地,这是所有工地都常常遇到的令人头疼的问题。本示范项目将 GIS 与 BIM 和动态协同关联起来,通过 GPS 定位技术与 BIM 模型关联起来放置于现场建模的场地之上,根据不同的车辆预置的优化路径与车辆行驶轨迹进行判断,分析车辆是否在预定的时间行驶在预定地点和轨迹上,并进行实时调配优化。

图 4-17 是通过 GPS 定位系统检测吊车运行轨迹(虚线)与预设运行路线(实线)的比较,箭头表明车辆当前所处的位置,左侧为 GIS 数据传输信号接收界面。

在本示范项目中,通过结合场地现场的状况及 BIM 模型模拟的施工进度,制订了物流调度、交通组织路线及车辆运行计划,通过对交通组织进行协同检查,还发现了交通路线干涉的问题,经过比较和优化,提出了两个解决方案,对施工车辆进出组织起到了提前预警分流,保证放置材料运输主通道的畅通。

施工安全动态协同,在该案例中选择了在施工动态协同中重大危险源的识别。根据现场的勘察,发现在场地西南角外墙处有一个高压电线杆,如图 4-18 所示。

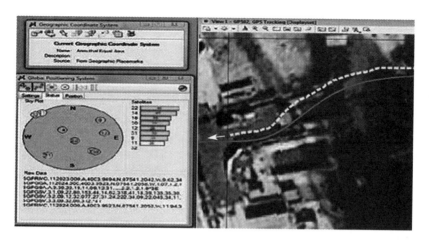

图 4-17　利用 GIS 工具实时检测工地出入口车辆运输

图 4-18　现场的重要危险源——高压电线杆

根据施工组织中提供的塔吊位置及场地条件,施工早期此处很可能使用汽车塔吊进行局部的吊装,施工组织中的塔吊服务范围如图 4-19 所示,危险源为虚线圆圈处,经查此处为 35 kV 高压电线,紧邻施工作业现场,对汽车塔吊施工构成危险。

根据《电力设施保护条例实施细则》规定,电线杆高压裸线与施工设备必须保持一定的距离,35 kV 的高压裸线的安全距离为 15 m,施工过程中汽车吊的伸臂与高压线之间的距离不能小于 15 m,为避免施工中发生危险,施工过程中必须对危险源与汽车吊伸臂的动态距离进行模拟监控。图 4-20 是模拟 20T 汽车吊的所在位置,距离主入口大门的水平距离为 40.5 m,垂直距离为 70 m,其中,图

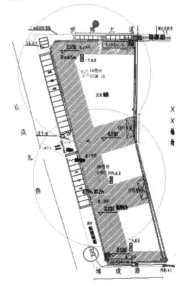

图 4-19　现场塔吊服务范围示意图

4-20中的圆形阴影部分为高压电半径 15 m 的危险圈。

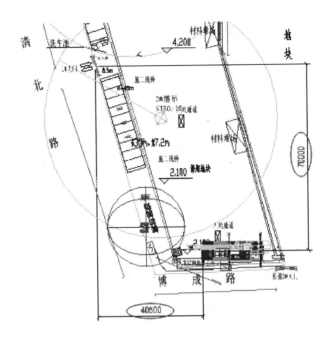

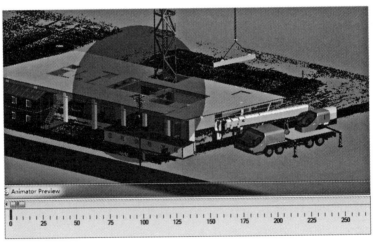

图 4-20 汽车吊所在厂区位置平面(上)及空间初始位置(下)

通过动态施工模拟发现,汽车吊在伸臂动作中会伸入高压电危险圈,吊车司机有被触电的危险,如图 4-21 所示。

经过以上的模拟分析,有三种调整方案:

(1)调整吊车的位置,使吊车支点远离危险源,但是这样存在以下问题,即塔吊不能吊运的设备及构件,只能用人工搬运及手动葫芦,效率低下。

(2)保持目前吊装位置不变,调整吊车的起吊方向及伸臂夹角,通过驾驶员来规避危

图 4-21 汽车吊伸臂伸入高压电危险圆

险,由于现场不能像计算机软件一样给予一个虚拟的范围,全靠驾驶员目测观察,加上工程现场调度繁忙,很容易操作疏忽酿成事故。

(3)通过对高压危险区域进行绝缘保护,形成屏蔽区域,此为最佳方案。

通过以上分析,规避了高压电的施工风险,从施工的角度来说,高压电危险源的影响范围可能有经验的司机师傅也能判断出来,但是对操作人员的要求比较高,通过现状建模与动态协同的模拟,使危险源的识别更精确真实,降低了对操作人员经验的依赖。

4.2 工程监理中的 BIM 技术

4.2.1 工程监理 BIM 技术的优点

BIM 技术的产业化应用,逐步推动建筑业变革,其价值将延伸到建筑产业链所有参与方。虽然 BIM 价值最大化依赖于项目全生命周期所有项目参与方在各个层面对其的合理应用,但这仅仅是一种理想状态。BIM 技术应用与发展应分阶段逐步推进,因时、因地制宜,不要求一个项目的所有参与者同时使用,也不要求在一个项目里实现各个层次的应用。任何一个项目参与方在任何一个层次的合理应用,都有助于 BIM 价值最大化的实现。作为城市建设的主要参与者,工程监理 BIM 技术的推广势在必行。原因在于,传统的工程监理常常疲于各类检查督促、审核验收工作,使监理单位的工程咨询服务作用不断弱化,违背了监理作为咨询服务行业的初衷,传统的工程监理能力与不断发展的工程建设水平之间的矛盾逐渐凸显。在具体工程建设过程中,监理的工作非常琐碎繁重,比如要经常对施工单位进场材料、设备进行检查,保证进场材料、设备与报审内容一致;不断督促施工单位落实各项质量安全管理体系,按照施工组织方案落实各项质保、安保措施;及时对工程施工巡视、旁站检查。

4.2.2 工程监理的技术路线和实现方法

1. 工程监理的技术路线

工程监理 BIM 协同分为 3 个部分进行深化,其技术路线和实现方法分别如图4-22所示。

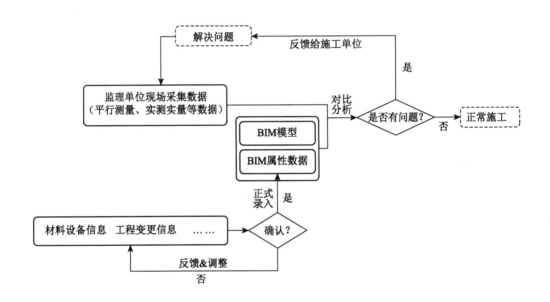

图 4-22   工程监理 BIM 协同平台研究技术路线

工程监理 BIM 协同平台,通过在建筑信息模型中添加相关信息,实现对施工过程中项目信息的管理,此类信息由相关的项目参与方或者指派专门人员添加到平台,便于监理工程师对这些信息进行验证确认。监理单位在施工现场采集到的数据,如平行测量、实测实量数据,也需要录入平台数据库中,方便与建筑的设计模型进行比较分析,对施工情况出现的问题及时发现并解决,对施工的质量进行控制管理。

2. 工程竣工验收 BIM 应用研究

采集相应的工程专项验收 BIM 模型,将专项验收过程中产生的检测数据及相关验收视频、结论信息录入,结合 BIM 模型进行整理生成专项检测报告。将竣工验收过程中的数据及信息进行整理,结合各专项验收成果信息,利用 BIM 设计模型的各项参数指标要求验证建筑工程是否达标,如图 4-23 所示。

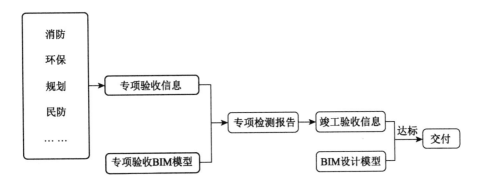

图 4-23 工程竣工验收 BIM 应用研究技术路线

3. 绿色建筑验收 BIM 应用研究

绿色建筑验收 BIM 的应用研究分为以下步骤实现：

（1）从建筑设计阶段获取项目的设计评价标识的达标和星级评价结果,作为竣工验收阶段绿色建筑能效评价的前置条件。

（2）获取绿色建筑测评的具体指标信息,可以从建筑设计、给排水设计、暖通空调设计、电气设计、智能化专项设计中获取所需的测评指标。

（3）工程专项验收和竣工交付过程中可得到专项检测报告和绿色建筑相关的设备系统的验收报告,从中提取能效数据、室内外通风、自然采光等数据。

（4）根据获取的绿色建筑测评指标和采集到的能效数据等,建立绿色建筑能效评价分析模型。

（5）基于模型建立可用于绿色建筑效能分析评价的工具,绿色建筑阶段的相关数据可与绿色建筑设计阶段评价结果这一前置条件进行对比分析,得到对绿色建筑验收阶段的分项评估结论和星级总体评价。

绿色建筑验收 BIM 应用研究技术路线如图 4-24 所示。

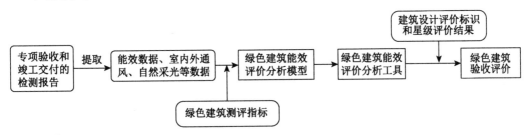

图 4-24 绿色建筑验收 BIM 应用研究技术路线

4.2.3 工程监理 BIM 协同的三大方面

以 BIM 为核心技术建立项目施工监督管理平台,用于协同建筑工程项目监理过程各参与方以及产生的庞大项目信息,主要通过工程监理 BIM 协同数据分析、工程监理 BIM 协同实施规划以及工程监理 BIM 协同工作模式优化三个方面展开。

1. 工程监理 BIM 应用数据分析

当前工程监理主要以文件形式进行数据交换和管理,无法支持面向建筑全生命周期的各种工程分析和管理,存在信息丢失等问题,并存在以下不足:

(1)无法实现对象级别(Object level)的数据控制。

(2)不支持协同工作和同步修改。

(3)变更传播困难。

(4)信息交换速度和效率是瓶颈问题。

对工程监理 BIM 数据进行系统分析,基于 BIM 服务器与数据库进行数据集成与交换,实现对象级别的数据管理、权限配置,支持多用户协同扩展 BIM 模型,可以解决上述问题。

采用安装在服务器端的中央数据库进行 BIM 数据存储与管理,可以改善项目数据交换的传统模式(图 4-25)。项目参与方可以从 BIM 服务器提取所需的信息,进行相关应用的同时不断更新和扩展信息模型,将扩展后模型信息重新提交到服务器,从而实现 BIM 数据的存储、更新、提取和应用,如图 4-26 所示。

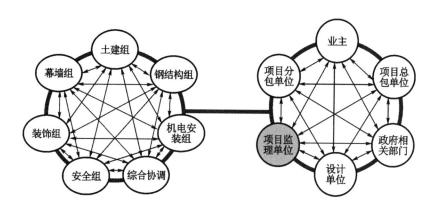

图 4-25   建筑项目数据交换传统模式

建筑信息模型包括建筑全生命周期的各种产品和过程信息,是在建设过程的不同阶段动态地形成,因此面向全生命周期的 BIM 数据信息需要在建设过程中动态集成和创建。建筑生命期的工程数据可以分为结构化的 BIM 数据、非结构化的文档数据以及用于表达工程信息创建的过程信息和组织信息。对于结构化的数据利用基于 BIM 的数据库存储和管理;文档信息和过程、组织信息也采用相应的数据库进行存储,最终实现结构化与非结构化数据的综合集成管理。

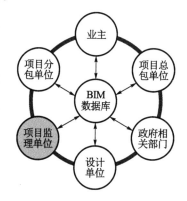

图 4-26   基于 BIM 的建筑项目
数据交换模式

2. 工程监理 BIM 协同实施方案研究

工程监理 BIM 系统是一个复杂系统。制订科学合理的实施方案,建立可操作性强的实施框架,规划可逐步实现的实施路径是实现工程监理协同作业的必要前提。

工程监理 BIM 实施方案应兼具通用性、层次性、前瞻性和可操作性。通用性是指 BIM 实施方案的基本思想、原理和方法不能够仅局限于某一个工程项目,应满足建设过程中的一般规律、基础要求、共性化需求,应该适用于大多数工程项目,乃至区域内工程项目群体。值得注意的是,由于每个项目所处环境不同,具体实施方案应综合考虑项目特征,因地制宜进行调整。层次性是指在全面实施与推广 BIM 的过程中,不同工作阶段其主要任务应是不断递进的关系,每个阶段工作任务应有不同侧重。前瞻性包括战略和技术先进性两方面,是指 BIM 实施方案应在解决当前问题的同时,从可持续发展的角度规划其实施步骤;在先进的理论知识指导下,采用先进的技术与方法制订合理的 BIM 实施规划和路径。

为保证所建立的 BIM 实施方案与工程业务结构有效衔接,工程监理 BIM 平台设计需要考虑组织、过程、信息和系统四要素以及它们之间的关联。组织是指平台内部管理模式、工作流程及其与建设项目各参与方之间的合作方式以及权责分配等。过程是指从规划、设计到施工、运营的整个流程,以及各个流程所包含的工作、资源投入等。信息是指建筑过程中产生的各种工程信息以及其表达方式、组织结构等。系统是指负责工程以及创建和使用信息的计算机软硬件和系统。

基于此,可以完成工程监理 BIM 实施路径的制订。在业务数据信息分类、业务需求建模的基础上,进行 BIM 软件程序的二次开发,构建工程监理 BIM 网络平台。以工程监理 BIM 网络应用平台为载体,推进 BIM 技术在监理工作中的应用。同时,利用组织资源、优化业务流程,制定了 BIM 标准,最终推动工程监理 BIM 全面运行,如图 4-27 所示。

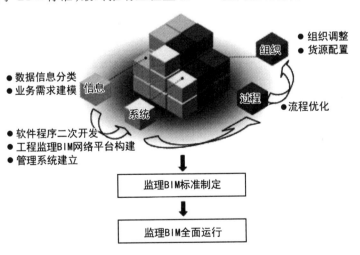

图 4-27 工程监理 BIM 实施宏观路径

3. 工程监理 BIM 模式优化研究

将 BIM 技术引入工程监理行业,研究开发工程监理 BIM 技术,可以拓展工程监理在项目全生命周期的参与度,实现工程监理对项目的动态控制、及时预警和可视化监管,将监理工作生成的信息添加到项目全生命周期信息模型中,实现对工程项目的有序、高效管理。BIM 技术的应用从质量控制、进度控制、造价控制、安全管理、合同管理及组织协调方面进行优化设计。监理单位通过 BIM 网络平台与内部人员和上下游单位进行工程洽商和工作协调,提交、审批、审核和使用各种文件,发放监理指令文件,从而对建设目标进行监督和管理,如图 4-28 所示。

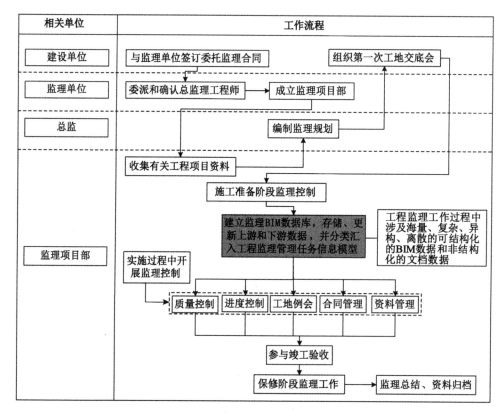

图 4-28　监理工作总程序

1) BIM 工程监理质量控制优化设计

BIM 技术在监理质量控制阶段中的应用可以对现存的某些问题进行针对性解决,以达到提高工程质量管理效率的目的。

就建筑产品物料质量而言,BIM 模型储存了大量的材料、建筑构件、设备信息。通过软件平台,从物料采购部、监理人员到施工人员个体可快速查找所需的材料及构配件信息,规格、材质、尺寸要求等一目了然,对其入场检查安装使用等进行动态控制,并可根据 BIM 设计模型,跟踪现场使用产品是否符合设计要求,通过先进测量技术及工具的帮助,可对现场施工作业产品进行追踪、记录、分析,掌握现场施工的不确定因素,避免不良后果的出现,监控施工质量。

施工技术的质量是保证整个建筑产品合格的基础,对工程项目的建造过程在计算机环境中进行预演,包括施工现场的环境、总平面布置、施工工艺、进度计划、材料周转等情况都可以在模拟环境中得到表现,从而找出施工过程中可能存在的质量风险因素,或者某项工作的质量控制重点。对可能出现的问题进行分析,从技术、组织以及管理等方面提出整改意见,反馈到模型当中进行虚拟过程的修改,从而再次进行预演。反复几次,工程项目管理过程中的质量问题就能得到有效规避。同时,可以通过 BIM 模型与其他先进技术和工具相结合的方式,如 RFID 射频识别技术、智能手机传输、数码摄像探头、增强现实等,对现场施工作业进行追踪、记录、分析,能够第一时间掌握现场的施工动作,及时发现潜在的不确定性因素,避免不良后果的出现,监控施工质量。

应用 BIM 技术除了可以使标准操作流程"可视化"外,也能够做到对用到的物料,以及构建需求的产品质量等信息随时查询,以此作为对项目质量问题进行校核的依据。对于不符合规范要求的则可依据 BIM 模型中的信息提出整改意见。同时,在 BIM 模型中标注出发生质量问题的部位或者工序,从而分析原因,采取补救措施,并且收集每次发生质量问题的相关资料,积累对相似问题的预判经验和处理经验,对以后做到更好的事前控制提供基础和依据。BIM 技术的引入更能发挥监理在质量系统控制中的作用,使这种工程质量的管理办法能够更尽其责,更有效地为工程项目的质量控制服务。

施工阶段质量控制工作程序,如图 4-29 所示。

2)BIM 工程监理进度控制优化设计

BIM 技术在监理工作进度控制中的应用可以对现存的某些问题进行针对性解决,以达到保证工程进度控制目标,提高工程进度管理效率。

BIM 模型的应用为进度计划减轻了负担,计划编制过程中可实时利用模型数据信息。除总进度要求和里程碑进度要求外,计划安排的重要依据是工程量。一般通过手工完成,繁琐复杂且不精确,而应用 BIM 系统,简单易行,只需将数据整理,便可精确计算出各阶段所需的人员、材料和机械用量,从而提高工作时间估计的精确度以及资源分配的合理化。另外,在工作结构分解和活动定义时,已完成与模型信息的关联,为模拟功能的实现做好准备。通过可视化环境,可从宏观和微观两个层面对项目整体进度和局部进度进行四维反复模拟及动态优化分析,调整施工顺序,配置足够资源,得出更为合理的施工进度计划。

BIM 技术的应用使进度控制有据可循、有据可控。在 BIM 技术下的施工管理中,把经过各方充分沟通和交流建立的四维可视化模型和施工进度计划作为施工阶段工程实施的指导性文件,各专业分包商都将以四维可视化模型和施工进度为依据进行施工组织和安排,充分了解下一步的工作内容和工作时间,合理安排各专业材料设备的供货和施工时间,严格要

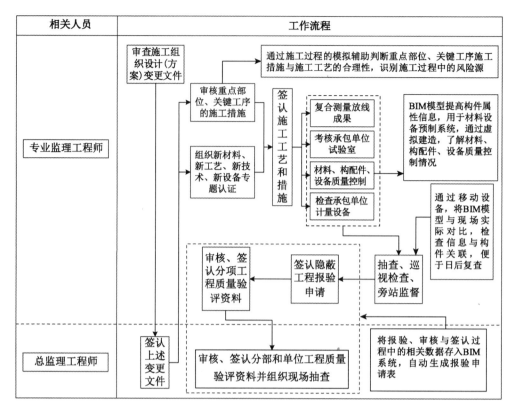

图 4-29　施工阶段质量控制监理工作程序

求各施工单位按图(模型)施工,防止返工、进度拖延的情况发生。

BIM 的四维模型是进度调整工作有力的工具。当变更发生时,可通过对 BIM 模型的调整使管理者对变更方案带来的工程量及进度影响一目了然,管理者以变更的工程量为依据,及时调整人员物资的分配,将由此产生的进度变化控制在可控范围内。同时在施工管理过程中,可以通过实际施工进度情况与四维虚拟施工进行比较,直接了解各项工作的执行情况。当现场施工情况与进度预测有偏差时,及时调整并采取相应的措施。通过将进度计划与企业实际施工情况不断对比,调整进度计划安排,使监理在施工进度管理工作上能全面掌控。

在 BIM 进度管理过程中,可对进度计划的编制过程和优化过程进行模拟分析,确保持续时间、逻辑关系的准确性,预见计划执行中可能存在的问题,并及时对计划进行调整,属于事前控制。应用可视化模拟分析后的可建造性四维模型和施工进度计划为依据进行施工组织和安排,清楚地指导下一步工作时间和内容,合理安排各专业材料设备的供货和施工时间,严格按图施工,防止返工、进度拖延情况发生,实现实际进度的有效控制,最终达成项目目标。

BIM 技术引入后对进度管理过程的每一个步骤均产生很大改善。在进度管理整个过程中,BIM数据信息、可视化四维模拟、虚拟建造等功能的应用,有利于进度计划表达,优化进度控制技术,提高进度计划与控制的效率,能够较好地实现进度管理的目的,提升工程项目进度管理水平,如模型信息和四维模拟确保活动时间和逻辑关系的准确性;反复模拟进度计划,确保其有效性和可执行性;可视化进度控制,减少进度偏差现象。

施工阶段进度控制工作程序,如图4-30所示。

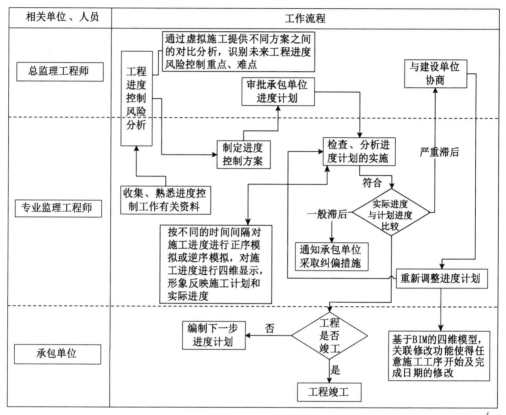

图4-30　施工阶段进度控制监理工作程序

3) BIM工程监理造价控制优化设计

在造价控制方面,BIM技术的应用对项目所发挥的最大效益体现在工程量的统计和核查方面。构建BIM模型可以生成实际的工程数据,通过对比二维设计下的工程量报表和基于BIM技术的工程量统计,核查二维数据的偏差。分析原因主要由于二维图纸面积计算往往会忽略立面面积、跨越多张二维图纸的项目可能被重复计算、线性长度在二维图纸中通常只计算投影长度,等等。这些偏差直接影响本项目造价的准确性。通过结合BIM数据统计消除偏差后,项目总费用降低可达20.03%,同时保证造价数据的准确性。

工程量计算是编制工程预算的基础,相比传统方法的手工计算,BIM模型的自动算量功能可以使工程量计算工作摆脱人为因素的影响,得到更加客观的数据。利用建立的三维模型进行实体减扣计算,对于规则或者不规则的构件都可以准确计算。同时,基于BIM的自动化算量方法为造价工程师节省更多的时间和精力,投入更有价值的工作中,如询价、评估风险等,并可以利用节约的时间编制更精确的预算。同时,利用 BIM 模型提供的数据基础可以合理安排资金计划、人工计划、材料计划和机械台班的使用计划。在 BIM 模型所获得的工程量上赋予时间信息,可以得到任意时间段的工程量,进而得到任意时间段的工程造价,根据这些信息来制订资金计划。同时,还可以根据任意时间段的工程量,分析出所需要的人工、材料和机械台班的数量,合理安排工作。

设计变更在现实中频繁发生,传统的方法又无法很好地应对。首先,可以利用 BIM 技术的模型碰撞检查工具尽可能减少变更的发生。其次,当变更发生时,利用 BIM 模型可以把设计变更内容关联到模型中,只要把模型稍加调整,相关的工程量变化就会自动反映出来,不需要重复计算。甚至可以把设计变更引起的造价变化直接反馈给设计师,使他们清楚了解设计方案的变化对工程造价产生了哪些影响。将 BIM 技术的碰撞检查工具用于施工阶段的图纸会审中,可以在正式施工前解决施工图纸中存在的问题,从而减少签证和返工。另外,建设单位可以利用 BIM 技术合理安排资金,审核进度款的支付。特别是对于实际变更,可以快速调整造价,并且关联相关构件,便于结算。同时,施工单位可以利用 BIM 模型按时间、按工序和按区域计算工程造价,便于成本控制,做到精细化管理。

施工阶段造价控制工作程序,如图 4-31 所示。

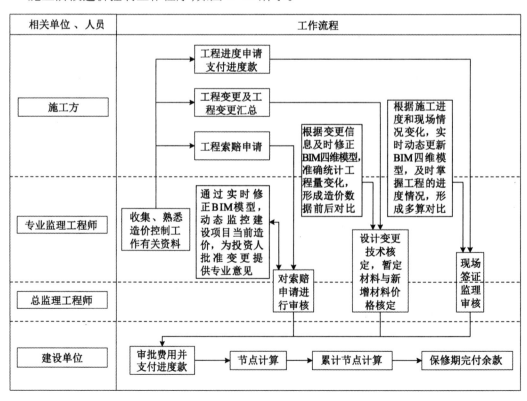

图 4-31　施工阶段造价控制监理工作程序

4）BIM 工程监理安全管理优化设计

在监理安全管理中，应用 BIM 技术可以提高虚拟安全控制，监控潜在的工程危险，并及时提醒相关人员。同时 BIM 模型可以模拟不同施工阶段的建筑物，从而使监理工程师、建筑师和施工人员提前识别潜在的安全和健康方面的风险。

施工行业的性质决定了施工现场作业人员面临着众多危险，BIM 的使用便于不同专业、不同分工的各利益相关方共同合作。强化了团队成员实现施工过程可视化与概念化的能力，减少了解释说明的工作，并促进了各利益相关各方更好地沟通和理解。

基于 BIM 技术监理数据库对其中可能发生的问题及可能存在的危险进行预测，掌控安全隐患点，制订安全管理细则，帮助监理把握施工过程中关键工序的工程特点及管理控制难点，确定关键控制环节及相应的控制措施，从而提高施工阶段监理管理工作效率和控制效果。提高施工的质量和安全性，减少返工现象，提高工作效率。

5）BIM 工程监理合同管理优化设计

由于合同管理内容涉及建设工程项目的方方面面，比如造价、范围、进度、风险等。BIM 技术的引入不仅可以将原合同文件与 BIM 模型关联，同时可以更加直观有效地控制施工暂停复工、工程变更管理、费用索赔处理及工程延期处理等问题。

BIM 技术应用使电子文档数据成为可利用资源，实现数据资源的信息化，信息资源的知识化。有助于项目相关信息存储、交换和共享过程的流畅实现和动态监管。

6）BIM 工程监理组织协调优化设计

BIM 技术的应用在单一数据共享平台上完成信息集中和不同工种的协同设计，对传统的组织协调工作进行了一定优化。BIM 模型也是分专业进行设计的，各专业模型建立完成后可以进行模型的空间整合，将各专业的模型整合成为一个完整的建筑模型。计算机可以通过碰撞检查等方式检测出各专业模型在空间位置上存在的交叉和碰撞，避免因为模型的空间碰撞而影响建设项目各专业之间的协同作业。

监理单位可以通过网络平台与建设相关方进行工程洽商和工作协调，提交、审批、审核和利用各种文件，发放监理指令文件，从而对建筑质量、进度、安全等目标进行动态监督和管理。BIM 的应用将有助于项目相关信息存储、交换和共享过程的流畅实现和动态监管。

4.2.4　工程竣工验收 BIM 应用研究

工程竣工验收 BIM 应用研究采集相应的工程专项验收 BIM 模型，将专项验收过程中产生的检测数据及相关验收视频、结论信息录入，结合 BIM 模型进行整理生成专项检测报告；将竣工验收过程中的数据及信息流向（图 4-32）进行整理，结合各专项验收成果信息，利用 BIM 设计模型的各项参数指标要求验证建筑工程是否达标。

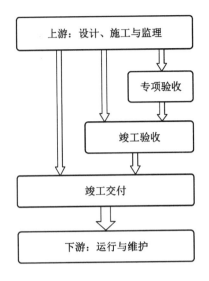

图 4-32　信息流向图

工程竣工验收 BIM 应用研究主要从工程专项验收 BIM 应用研究、工程竣工验收 BIM 应用研究以及工程竣工交付 BIM 应用研究三方面展开。

1. 工程专项验收 BIM 应用研究

专项验收是由建设单位负责组织,按相关规定向政府主管部门或第三方检测单位提交所需文件资料,并进行必要的现场检验,通过验收取得合格报告或批文,作为竣工验收、备案、运行所需的证明资料。专项验收环节,涉及研究对象包括消防专项验收、防雷专项验收、环保专项验收、绿化专项验收、规划专项验收、民防专项验收、环卫设施的竣工验收、预防性卫生专项验收共八项内容。

专项验收种类较多,验收的依据、程序、需求各异。本部分着重研究各种专项验收的时间节点、需准备的文件资料、配合现场检验的内容、需配合检验部门的流程手续以及最终取得的验收结果等。成功地将 BIM 应用技术运用到工程验收阶段,为业主、建设单位和项目管理方提供一套可操作性的专项验收软件平台,成功实现项目合格性验证,并为工程竣工验收及交付环节验收提供相应的信息支持。

对上游的信息需求包括对所需专项验收内容相关的现场施工情况和上游已完成的工程技术资料及图纸、记录、检测报告、合格证书、证明、审批文件、合同等文件资料。这些文件资料应以数字化形式,作为本环节的输入信息。同时提交的还包括与现场施工情况一致的 BIM 模型。并且,上述验收所需检验的文件资料所反映的建设情况应在 BIM 模型中有所体现。以环保竣工验收为例,如图 4-33 所示。

2. 工程竣工验收 BIM 应用研究

竣工验收环节,在"工程竣工验收 BIM 应用研究"课题中处于承上启下环节,是较为核

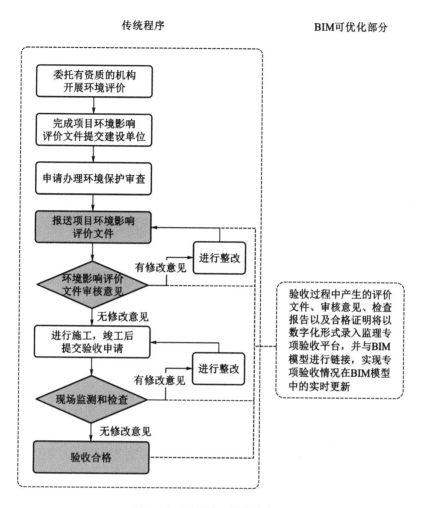

传统程序   BIM可优化部分

图4-33 环保竣工验收流程图

心的一个环节,涉及研究对象包括 BIM 技术及其主要内容。

工程竣工验收环节,是数据采集汇总、传递、审核的最关键阶段。传统的工程竣工验收,是按照相关检验标准和部门规定,由参建单位提供各种竣工验收资料,按照一定的流程进行验收工作。工程竣工验收一般在工程项目施工完成后,由建设单位主持,会同设计、施工、设备供应商、监理以及工程质量监督部门,对工程进行的全面性的最终检验。由于竣工验收过程中数据信息量大、操作程序复杂、参建单位众多等因素,往往会造成验收工作效率低下、沟通困难,甚至会发生验收不到位、不能反映工程实际状况的现象。

BIM 技术的出现为解决建设竣工验收阶段数据信息的高效汇集和共享提供了可能。可以通过 BIM 技术的信息化、参数化和直观化,大大提高工程竣工验收环节的工作效率和执行结果的正确性,成为竣工验收的有力工具和手段。此外,随着 BIM 技术在规划、设计、施工等建设阶段的逐步运用,也对竣工验收阶段的工作增加了新的内容,提出了新的要求,竣工验收需要对上游阶段的 BIM 数据信息进行汇集和整理,并加入有效的检验信息,传递给下游阶段。除了实体检验、资料验收,还增加对 BIM 模型的验收,审核模型是否与现场实际状况相一致及数据信息的完备性。

竣工验收的具体内容包括工程竣工验收、竣工验收备案、竣工档案验收、建设单位竣工留档资料四大方面:

(1) 竣工验收具体包含参建单位竣工验收准备资料、竣工验收前准备资料、竣工验收过程资料三方面内容。其中,参建单位竣工验收准备资料包括:施工单位、监理单位、勘察设计单位及建设单位等按《建筑工程资料管理规程》(JGJ/T 185—2009)中规定内容准备的资料;竣工验收前准备资料具体为《建筑工程和市政基础施工竣工验收暂行规定》第五条内容所提内容及结合地方要求的其他内容;竣工验收过程资料主要包含:竣工验收形成资料(四个表单)、整改单、竣工报告及附件。

(2) 竣工验收备案具体包含竣工验收备案申请资料、竣工验收备案提交资料、竣工验收备案形成文件,主要依据内容为《建筑工程和市政基础设施工程竣工验收备案管理暂行办法》第五条及上海市建设工程竣工验收备案办理程序所要求的内容。

(3) 竣工档案验收具体内容为竣工验收档案资料(城建档案馆接收的资料)、竣工档案申请、竣工档案预验收、竣工档案正式验收以及竣工档案交付,主要依据为建设部 90 号令《城建档案管理规定》与《建筑工程资料管理规程》(JGJ/T 185—2009)。

(4) 建设单位竣工留档资料包含:工程准备阶段文件(建设单位留档)、监理单位交付建设单位归档资料、施工单位交付建设单位归档资料、工程竣工图(建设单位留档)、竣工验收资料(建设单位留档)五部分资料。主要依据为建设部 90 号令《城建档案管理规定》与《建筑工程资料管理规程》(JGJ/T 185—2009)中规定建设单位留档的资料与建设单位根据自身需要而增加的留档资料。

以竣工验收工作为例,其流程如图 4-34 所示。

3. 工程竣工交付 BIM 应用研究

工程竣工交付环节是在专项验收及竣工验收完成后实施的,在常规的竣工交付程序过程中,建设单位对已竣工工程进行接收并开始使用,接收的主要是建筑物本身、设备及工程技术资料。随着 BIM 技术的出现,可以将 BIM 技术应用于竣工交付阶段,可以为建设单位提供一套完整的可操作的全生命周期的软件平台,实现 BIM 模型的竣工交付,并为建设方在运营维护阶段提供三维、实时、有效的管理平台。

4. 工程竣工交付 BIM 应用主要内容

1) 收集整理当前工程竣工交付所需的交付对象以及交付对象在 BIM 中实现的技术方案

(1) 工程交付最终对象为建设单位或使用单位,建设单位或使用单位通过本平台,实现

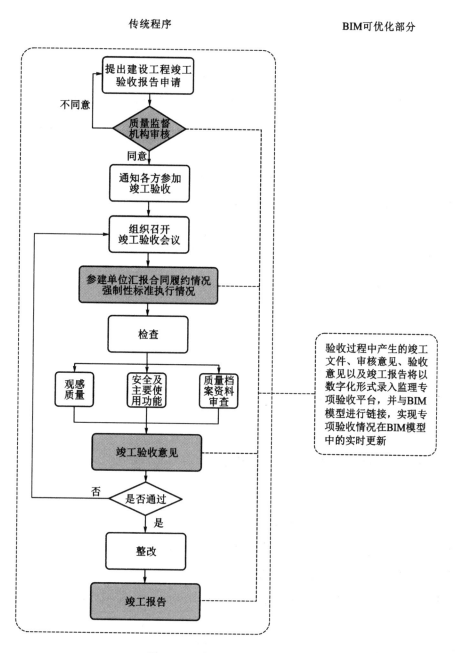

传统程序   BIM可优化部分

图 4-34 竣工验收工作流程图

无纸化交付工作,例如可以通过平台自动汇总生成的移交清单,对比实物并进行检查。

(2)竣工交付环节是在专项验收及竣工验收完成之后,建设单位接纳建筑工程实体前的工作,交付环节始点为自动识别前两环节的验收工作已完成。通过连接前两环节关键数据的采集,判定合格后则竣工交付工作开始。

(3)数据文件在 BIM 中的实现,需要掌握现有 BIM 模型文件结构,并在 BIM 平台程序编制中考虑数据的提取路径或外部数据流对接口编程,确保数据的正确传递。

2）交付所需的技术文件清单

（1）专项验收及竣工验收的汇总资料,如各专项验收的验收证明文件,竣工验收的结论性文件。

（2）决算移交资料。对于决算情况、支付情况、质保金是否达到支付条件,在交付时,接纳单位(建设单位或使用部门)应掌握,以确保在质保期内施工单位的整改问题得到有效控制。

（3）维保、培训资料。这部分资料主要有所有参建单位的质保合同,包括质保金金额、设备设施的维护保养资料、设备的使用寿命以及设备使用培训资料。

（4）实物交付。实物交付可分为建筑工程的安装专业、建筑结构专业及其他特殊用房的交付,BIM 软件中应能实现自动提取各专业设备清单或物品清单(如各房间的办公家具、门窗清单)。

（5）模型交付。BIM 软件平台旨在打造一个建筑全生命周期的管理平台,因此,除了实物交付外,在 BIM 平台中,还应对建筑信息模型进行交付。本阶段的交付主要有竣工图纸及 BIM 模型的交付。

4.3　BIM 工程监理协同平台

4.3.1　监理工作中引入 BIM 模型的必要性

在建设工程监理工作中引入 BIM 模型,可以使整个过程信息流转更加通畅,数据电子化,管理流程更加流畅,对整个过程进行动态监管。监理单位可以通过 BIM 网络平台、内部人员和上下游单位进行工程洽商和工作协调,提交、审批、审核和利用各种文件,发放监理指令文件,从而对建筑质量、进度、成本、安全等目标进行监督和管理。BIM 的应用将有助于项目相关信息存储、交换和共享过程的流畅实现,使项目模型可视化,降低数据调用及互用成本。

在应用 BIM 技术的协同平台上,监理工作的工作流程转变为录入、分析及输出结果。录入即由现场监理工程师在日常检查及例行验收时进行信息录入,相关信息汇总到监理数据库中。分析即监理工程师结合日常采集数据及现场情况并结合 BIM 模型进行分析,得出监理指令文件和其他相关文件。输出即在分析结果之后结合数据库数据为监理公司项目总监及业主方输出整体描述性文件,以便进行宏观监控。在信息从录入、分析到输出的过程中,及时处理信息,发现的问题能迅速解决并且为以后的工作提供一定的处理蓝本,经过 BIM 模型统计分析,当相关类似问题发生时,系统便可以提供一定处理意见和建议。

4.3.2　平台模块设计

根据监理工作的流程,监理协同平台的模块设计分为 5 个模块,分别是:

(1) 监理管理模块。子模块包含质量管理、安全管理、进度管理以及协同管理。

(2) 验收管理模块。子模块包含验收项目信息、竣工验收信息、验收汇总表、验收通过率。

(3) 模型管理模块。

(4) 监理文档管理模块。

(5) 项目信息及权限管理模块。

4.3.3　平台界面设计

1. 主界面

按照平台模块的设定功能以及监理工作的实际情况,工程监理 BIM 协同平台主界面设计如图 4-35 所示。

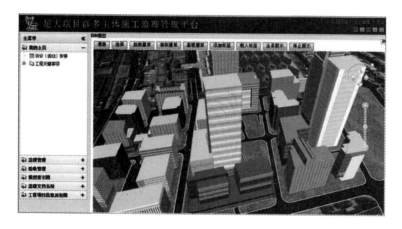

图 4-35　工程监理 BIM 协同平台主界面设计

(1) 我的主页。我的主页内容有:会议安排、问题汇总、指令汇总和工程分析汇总。

(2) 会议安排。通过日历的方式,显示监理事务的日常安排。

(3) 问题汇总。监理的各类问题汇总以列表形式显示并可以通过 BIM 模型直接查看。

(4) 指令汇总。通过定位,可以查询 BIM 模型中的相应位置,在右边页面底部会展示标签的基本信息,同时在三维场景中定位该标签的位置。

(5) 工程分析汇总。主要给出问题汇总的结论,作为监理工作协调的依据。例如:

① 质量问题汇总:对各个项目的质量问题,进行汇总,对汇总的数字可查看具体情况,并对应到 BIM 模型中。

② 安全问题汇总：对各个项目的安全问题，进行汇总，对汇总的数字可查看具体情况，并对应到 BIM 模型中。

2. 监理管理界面

本界面主要是各个项目的质量、安全、进度及各监理的协调管理。设计如图 4-36 所示。

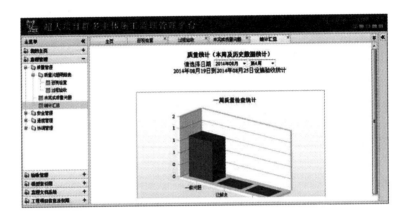

图 4-36 监理管理界面

(1) 质量管理。

(2) 巡视检查。各个监理单位在系统中，选择对应的建筑项目，建立巡视检查计划。对未完成质量问题：在巡视检查过程中，对 BIM 模型出现的质量问题进行标注，并对检查记录与 BIM 模型进行关联。

(3) 安全管理。

(4) 日常巡视。安全监理对建筑项目建立日常的安全巡视计划，在对应的 BIM 模型中，要完成巡视路线的规划并进行演示。

(5) 专项检查。按照安全监理工作，对专项进行安全检查，并对问题进行记录，在 BIM 模型中对问题进行标注，上传检查图片与 BIM 模型进行对比，设计如图 4-37 所示。

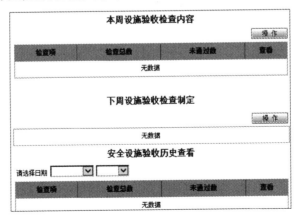

图 4-37 专项检查设计图

（6）设施验收。按照安全监理工作,对设施完成的工作进行验收,并对问题进行记录,在 BIM 模型中对问题进行标注,上传检查图片并与 BIM 模型进行比对。

（7）进度管理。通过 BIM 模型,可以点击"时间""楼层""部位"按钮,查看对应进度情况,同时三维场景中对应展示效果。用全景图片与 BIM 模型的进度对比,显示各个项目实际进度情况,并通过列表显示各个项目建筑的进度。

（8）协调管理。对监理单位出现的共性问题进行问题展示,对各家监理单位进行线上协调,可实现流转单功能,各家单位确认问题。针对建筑工程本身的技术问题,召开专门的技术协调会,相应的技术问题在 BIM 模型中进行标注。对现场的问题,通过 BIM 模型进行现场展示并进行协调。

3. 验收管理界面

借助 BIM 技术的信息化、参数化和直观化特点,提高工程验收和竣工交付阶段的工作效率,通过 BIM 模型实现软件验收,即将传统的人工收集资料验收的方式转换为信息化、自动化的验收。

验收管理模块界面以菜单形式为主,按不同类别分别从 BIM 模型中读取或录入相应的数据信息,并按检验规则得出检验结果,如图 4-38 所示。

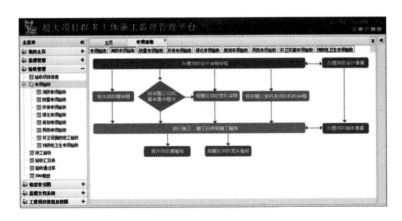

图 4-38　验收管理模块界面

工程验收有 2 个菜单栏,分别为专项验收和竣工验收。每个子菜单栏下均有子菜单,本环节也可以根据需要点击添加子菜单栏并创建新的子菜单栏。

BIM 模型中的数据、本环节上传的数据、从建科平台中读取的数据经过采集、汇总、验证后,以上数据信息是否满足信息数据完备性要求,可以通过验收资料是否齐全、验收是否合格、备案资料是否齐全、备案是否通过等功能键进行自动识别或人工识别,验证合格时,功能键前显示"√"。

（1）验收项目信息。竣工验收阶段项目信息分为项目数据与工作流程图查看两个功能键。工作流程图可以通过点击查看流程图显示,在完成所有信息数据的验证后,本环节会显示项目信息已完成状态。未完成时,点击项目数据可以添加数据信息。

（2）专项验收。专项验收环节下拉出现：A1 消防专项验收、A2 防雷专项验收、A3 环保专项验收、A4 绿化专项验收、A5 规划专项验收、A6 民防专项验收、A7 环卫实施专项验收、A8 预防性卫生专项验收八个子菜单。每个子菜单下还有三级子菜单,详见图 4-39 所示。

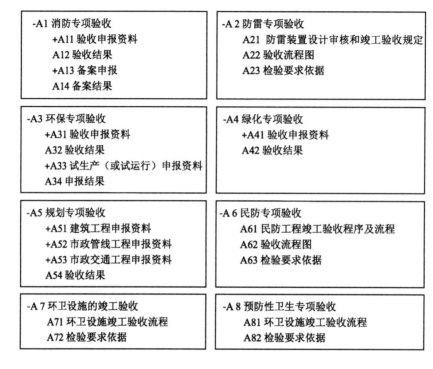

-A1 消防专项验收
　+A11 验收申报资料
　A12 验收结果
　+A13 备案申报
　A14 备案结果

-A 2 防雷专项验收
　A21 防雷装置设计审核和竣工验收规定
　A22 验收流程图
　A23 检验要求依据

-A3 环保专项验收
　+A31 验收申报资料
　A32 验收结果
　+A33 试生产（或试运行）申报资料
　A34 申报结果

-A4 绿化专项验收
　+A41 验收申报资料
　A42 验收结果

-A5 规划专项验收
　+A51 建筑工程申报资料
　+A52 市政管线工程申报资料
　+A53 市政交通工程申报资料
　A54 验收结果

-A 6 民防专项验收
　A61 民防工程竣工验收程序及流程
　A62 验收流程图
　A63 检验要求依据

-A 7 环卫设施的竣工验收
　A71 环卫设施竣工验收流程
　A72 检验要求依据

-A 8 预防性卫生专项验收
　A81 环卫设施竣工验收流程
　A82 检验要求依据

图 4-39　竣工验收环节

通过软件平台中各项菜单内的具体内容,可以显示出在竣工验收阶段所需要检验的项目、经过软件平台从 BIM 模型中读取的信息以及相关的检验后果。

4. 竣工验收的具体内容

竣工验收的具体内容分为四大方面：工程竣工验收、竣工验收备案、竣工档案验收、建设单位竣工留档资料。

（1）验收汇总表。选择一项后,在三维场景中定位该事项目标,同时右侧页面弹出验收事项明细,可以选择验收状态,输入相关验收结论,点击确定提交即可。

通过图表等多种形式显示目前园区的建筑物验收情况,并显示相关 BIM 模型。

（2）验收通过率。选择 BIM 模型后,可以分层分专业显示验收通过情况,并进行标记。通过图表等多种形式显示目前园区的建筑物验收通过情况。

（3）BIM 模型操作。BIM 模型操作功能栏主要有 BIM 模型的显示、旋转、隐藏等常规操作功能。考虑到体现直观化和界面友好度,在部分环节考虑对建筑图形的反应以及对直观化视觉效果的体现。

BIM 模型完备性验收主要是通过模型的显示色彩显示,对 BIM 模型完备性进行验收,判定合格或不合格。

5. 模型索引图界面

模型模块在平台内被称为模型索引图,界面设计如图 4-40 所示。

图 4-40　模型索引图界面

模型索引图能帮助用户快速查找需要的 BIM 监理模型,用户可以水平 360°、垂直 180° 全方位观看 BIM 模型全景,支持用户对各楼层、各专业的 BIM 模型进行单独浏览。用户可以在 BIM 模型中根据类型进行分类及分层显示,同时在 BIM 模型中选择构件进行详细信息查看。此外,如果需要查看园区模型,需要先显示 GIS 信息,在 GIS 地图中,可以查看各个建筑物的 BIM 模型,并显示相关的项目信息。用户可以在浏览现场情况的同时,对出现问题的地方进行 BIM 标注。

6. 监理文档系统界面

监理文档系统主要进行监理文档的登记。对其他各功能模块的文件进行分类汇总,以便归档和查找。界面设计如图 4-41 所示。

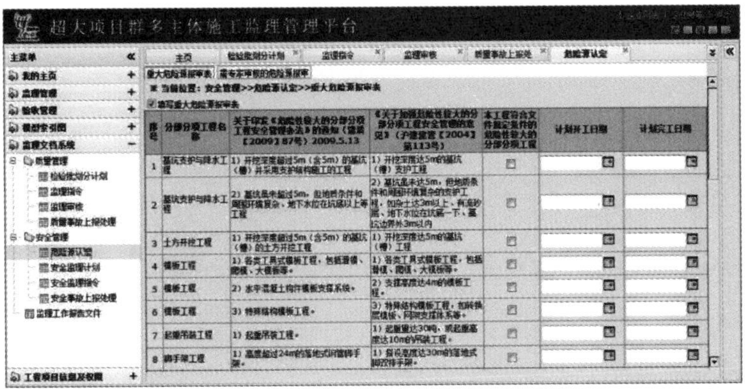

图 4-41　监理文档系统界面

7. 工程项目信息界面

工程项目信息界面设计如图 4-42 所示。

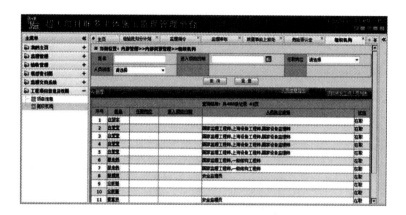

图 4-42　工程项目信息界面

（1）项目信息。可以编辑各个项目的基本信息，包括建设单位、施工单位、监理单位、项目类型、工程类型、项目地址、单位工程等相关信息。

（2）组织机构。此模块人员信息填写页面，输入需要查询人员的"姓名"后，"增加人员"信息需要直接进入系统员工数据库查找"人员"，相应的"增加人员"信息能够直接从数据库中导入。对应的单位角色赋予相应的系统模型查看权限，建立完备的权限体系。

5 后世博大型建筑群体数字化管理协同总平台研究

大型建筑群体数字化管理协同总平台将 BIM 技术与现有管理平台,如设计协同平台、施工协同平台、监理协同平台等有机融合,通过研究各子平台与总平台的对接接口,制定相关流程标准与模型标准。在统一、集成、稳定、易用、可扩展的原则下,形成面向建设单位、设计单位、施工单位、监理单位以及其他各相关组织与部门的协同平台体系,实现高效互动及管理协同。

5.1 总平台体系构成

如图 5-1 所示,在模型基础层,建立了设计协同平台、施工协同平台、监理协同平台和优化工作平台。

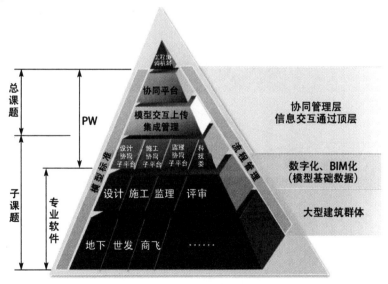

图 5-1 总平台体系构建

各专业子平台将自身的功能需求深化剖析,纵向到底,将平台的专业应用发挥最大的作用,为单体建筑的 BIM 应用以及各参建单位的 BIM 协同辅助发挥关键性作用。

在协同管理层,通过消息交互中间件,将各平台互联互通,基于模型进行信息传递。同时,在协同管理层,通过自主研发构建基于 BIM 的业主项目管理平台。自主研发的平台具有以下特性:利用全国产化的开发框架、图形引擎、流程引擎、地理信息系统,形成一体化、国产化协同管理平台;平台能够在网页端对大型项目群体进行模型展示并进行轻量化处理,减少常规展示模型需要安装相应客户端专业软件的不便;平台具有良好的兼容性与实用性,在世博大厦、两条道路、三条通道等示范性工程中得到应用,提高了项目协同管理的效率。

5.2 总平台的应用

平台包括业主总平台、地理空间子平台、施工子平台、工程监理子平台、优化子平台。以业主总平台为核心,通过规范工作流程和数据细度,实现了数据共享和工作协同。

5.2.1 基础建设

1. 平台核心网络拓扑及网络环境

BIM 平台核心网络系统集中部署于世博会行政中心核心机房内,由核心网络区、接入网络区、网络出口区以及服务器区组成,如图 5-2 所示。

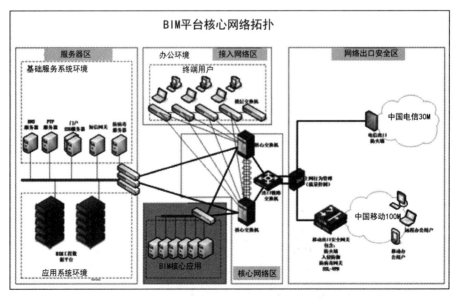

图 5-2 BIM 平台核心网络拓扑图

核心网络区部署网络核心交换机,用于连接各网络区域并将网络接入区的众多汇聚交换机路线汇集于一体。核心网络区的核心功能是提供高性能数据转发能力,作为整个网络系统的骨干区域,为各网络区域提供数据的快速转发服务。

接入网络区包含众多汇聚交换机及接入交换机。接入网络区的核心功能是提供大量的端口数量,将终端设备接入网络系统中。

网络出口区用于将网络系统连接至外部网络中,部署安全系统设备提供必要的信息安全保障。

网络系统部署两台核心交换机,与汇聚交换机采用全互联的方式连接。网络系统广泛采用动态路由协议,使各关键网络节点设备可以智能地学习全网络路由信息并形成完整的路由表。

部署两台安全网关设备,分别用于用户访问及应用发布使用。

项目用户访问安全网关设备采用统一威胁管理(Unified Threat Management,UTM)设备,其一台设备集防火墙、防病毒、VPN 远程访问的功能于一身,连接中国移动 100M 互联网接口。其上配置的 SSL-VPN 功能为外部 BIM 工作人员及移动终端客户提供安全的 VPN 远程访问服务,以此能够在远程访问 BIM 的业务服务。

应用发布安全网关采用传统的网络包过滤防火墙,配置应用系统业务发布相关的地址映射功能。根据应用系统发布需求配置防火墙安全策略,提供信息安全保障。

两台安全网关内部串联一台流量控制设备,用于根据使用用户及应用类别进行网络流量控制。

2. 平台服务器部署

平台核心服务器部署于核心机房 A1 机柜中。平台服务器后连一套磁盘阵列。磁盘阵列由一台存储机头和 8 个存储磁盘柜组成,部署在核心机房 A2 及 A3 机柜中。具体位置如图 5-3 所示。

3. 核心机房环境

机房地面铺设有静电地板。与平台相关的设备放置于 4 排机柜。机房供电系统共计两路,分别连接一套总功率 60 kVA 的 UPS 设备,两套 UPS 分别供电前后两排机柜。同时机房内部署三台通信机房专用空调,用于保障机房内日常温湿度环境。

4. 信息安全

两条互联网出口分别部署安全网关设备,移动出口部署一台统一安全管理设备,配置并开启防火墙、IPS、防病毒、SSL-VPN 模块功能,电信出口部署一台防火墙,两出口安全网关设备内部部署一台上网行为管理设备,进行流量控制、行为管理和行为审计。

移动出口主要用于平台用户访问互联网、业务专网及 SSL-VPN 出口使用。电信出口主要用于平台应用系统向互联网发布使用。

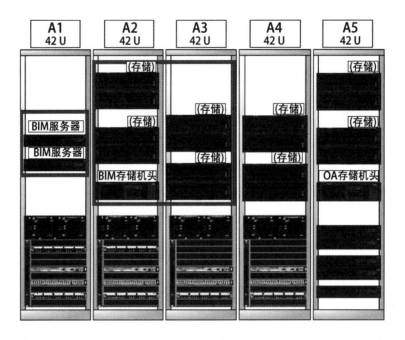

图 5-3　平台服务器部署

核心网络内部署有一套网络版防病毒系统,采用集中式管理、分布式杀毒,并在 PC 服务器部署,各服务器的防病毒软件共同连接防病毒软件服务器,统一进行病毒库更新。

5.2.2　平台部署

1. 硬件集成

根据项目实际情况配备了三台 PC 服务器及一套存储系统。配置如图 5-4 所示。

央企地下空间项目	联想R系列	Windows2008 R2 64位中文版	192.168.222.27	CPU:E5530 @2.40 2.40 内存: 16GB DDR3 硬盘: 6*146GB 存储: 3TB
	联想R系列	Windows2008 R2 64位中文版	192.168.222.95	CPU:E5530 @2.40 2.40 内存: 4GB DDR3 硬盘: 6*146GB
	联想R系列	Windows2008 R2 64位中文版	192.168.222.96	CPU:E5520 @2.27 2.26 内存: 4GB DDR3 硬盘: 6*146GB
	IBM存储磁盘阵列	AIX		高速缓存: 8GB缓存 FC(1Gbps/2Gbps/4Gbps) RAID支持: 0,1,3,5,10 阵列磁盘数量: 16个

图 5-4　硬件集成配置

2. 软件搭建

PC 服务器预装 Microsoft Windows 2008 ServerR2 操作系统及 SQL Server 2008 数据库,应用于 ProjectWise Integration Server、ProjectWise Web Services、ProjectWise Explorer Services 等软件部署。IBM 存储用于项目日常数据交互的存储,通过 Raid1＋0 方

式有效安全地保障了项目数据。ProjectWise Explorer、SSL-VPN 用于项目用户日常使用及安全访问,目前用户共计开设账户 136 个,VPN 账户 20 个。

5.2.3 基础软件

随着信息技术的迅速发展,工程领域逐渐开始采用先进计算机技术对项目进行管理和运作,并希望能够使用良好的系统对企业知识的创新、累积以及应用加以管理。企业应该思考如何利用网络技术,跨越时间和空间的限制,通过协同工作管理平台,将贯穿于项目全生命周期中所有的信息进行集中、有效管理,让散布在不同区域甚至不同国家的项目团队,能够在一个集中统一的环境下工作,随时获取所需的项目信息,进而能够进一步明确项目成员的责任,提升项目团队的工作效率及生产力。通过管理平台,不仅可以将项目中所创造和累积的知识加以分类、存储,供项目团队分享,而且可以作为企业以后进行知识管理的基础。

Bentley ProjectWise 为工程项目内容的管理提供了一个集成的协同环境,可以精确有效地管理各种 A/E/C(Architecture/Engineer/Construction)文件内容,并通过良好的安全访问机制,使项目各参与方在统一的平台上协同工作。ProjectWise 是一个流程化、精细化、标准化的工程全过程管理系统,确保项目的团队、信息按照工作流程一体化地协同工作。

ProjectWise 面向的用户需求有以下两点:

1. 统一的文件服务管理平台

目前,大多数用户还是习惯在自己的电脑上进行数据处理,文件都还在个人电脑中保存,这样造成交流非常不顺畅,形成了一座座信息孤岛。当用户之间需要信息共享时,只能通过 Windows 共享的方式,但这种方式很容易受病毒的侵害,而且每位用户看到的都是不完整的片面的数据。使用了 ProjectWise 之后,用户就可以在一个协同平台上进行数据访问,不需要通过 Windows 的方式进行任何的共享。任何用户看到的,都是经过 ProjectWise 任务结构组织下的有序数据。

2. 异地分布式访问

大型企业工程项目往往雇员众多,而且分布于不同的城市或者国家。ProjectWise 可以将各参与方工作的内容进行分布式存储管理,并且提供本地缓存技术,这样既保证了对项目内的统一控制,也提高了异地协同工作的效率。通过 ProjectWise 建立的统一文件服务管理平台。不管企业的雇员分布在世界的任意角落,只要能连接互联网就能安全地访问企业的文档数据。

3. 通过权限控制保证安全

在项目进行过程中,项目数据的安全也是非常重要的,不同的用户允许访问的数据是不一样的。ProjectWise 具备完善的文件授权机制,可以满足用户对数据访问控制的需要。

1）ProjectWise 的功能特点

（1）集成化：所有的内容集中存放，集成多种应用。

（2）标准化：按照标准的模式管理。

（3）完整性：包括项目所有的图纸文档资料。

（4）一致性：项目成员获取同样的信息。

（5）实时性：保证获取最新的信息。

（6）安全性：多级权限控制 /SSL 安全传输。

（7）易用性：Windows 资源管理器界面。

2）ProjectWise 的优势

（1）整个企业的图纸文档按照规范的目录结构管理，方便对文档管理、备份及检索。

（2）方便文档资料的发布和各部门之间的工作配合，可以快速找到相关的图纸和文档，方便用户使用。

（3）具有良好的检入 /检出机制，同一时间同一个文件只能由一个用户编辑，保证了文档的唯一性。

（4）修改完文件后可以附加相应的注释，使其他工作人员及时了解文件的状况。

（5）可以对文件创建多个版本，并且只可以在最新版本上进行修改编辑。任何历史版本都可以回溯。

（6）集成各种设计软件（MicroStation，AutoCAD 等）以及 Microsoft Office 办公软件。

（7）使用导入 /导出功能，可以在本地指定目录中保留工作文件；可以对本地导出文件进行离线编辑，连线后随时导入到系统中。

（8）查询方式多样，查询条件任意组合等。

ProjectWise 构建的工程项目团队协作系统，用于帮助团队提高质量、减少返工并确保项目按时完成。经证明，ProjectWise 在各种类型和规模的项目中都能够提高效率并降低成本，与竞争对手的系统不同，它是唯一一款能够为内容管理、内容发布、设计审阅和资产生命周期管理提供集成解决方案的系统。

5.2.4　二次开发

二次开发包括建设业主总平台，整合集成地理空间子平台、施工子平台、工程监理子平台、优化子平台。以业主平台为核心，向各个平台进行延伸，实现流程的打通、应用延伸、数据共享。

1. 应用支撑层

统一用户管理和授权服务主要满足用户实现对组织机构、用户、应用系统、权限的集中管理,用于集中保存用户的身份信息,统一分级管理全部用户的身份信息,统一分级管理全部用户各应用系统的权限(模块)信息,采用多种方式统一分级给所有客户的工作人员授权。该服务解决了业主总平台与各个子平台系统建设中存在的信息孤岛,基础功能的重复建设和投入等问题,为实现数据整合、信息共享、流程优化提供基础保障,如图5-5所示。

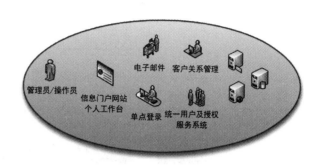

图5-5 服务模型示意图

从图5-5中可以看出,管理员只需要通过个人工作台进行单点登录,就可以直接访问所有系统,并且只需在统一用户及授权服务系统进行用户和授权等日常维护即可,这大大减少了管理员的工作量,极大地提升了效率。而对于普通操作员来说,同样,只需在个人工作台进行单点登录,就可以操作自己权限范围内的系统功能。

从图5-6可以看出,统一用户管理和授权服务是以提供接口服务为其核心价值,通过Web控制台为各级别的管理员提供操作界面。A和B应用系统通过访问接口获取数据,同时,B应用系统通过管理接口对统一用户管理和授权服务进行数据操作。在数据发生变化时,系统会触发同步事件,通过主动调用已注册的同步接口的各个适配器实现数据的同步,为单点登录、身份认证系统及第三方应用系统提供服务。

其服务主要功能包括:组织机构管理、用户信息管理、应用系统权限管理、授权管理、系统日志等,还包括同步服务接口管理和对外服务接口管理等。

组织机构和用户管理层可以实现一用户隶属于多组织机构功能;提供用户扩展属性和组织机构扩展属性功能,增强用户信息的可扩展性;提出单位概念和本单位管理角色,方便按单位划分进行管理和授权;提供单位类型的划分,使管理更直观;通过设置组织机构授权范围,实现多层次管理,提供组织机构授权范围优先级功能,简化授权范围的操作。

1. 应用系统、角色、权限管理

在应用系统、角色、权限管理方面可以通过设置应用系统授权范围,实现各应用系统的独立管理;通过业务系统管理员角色,方便统一授权系统管理员的授权操作;提出属性权限概念,实现动态权限功能,如图5-7—图5-10所示。

1) 授权功能

(1) 授权级别有可访问、可授权和可访问可授权,通过可授权实现多级授权。

(2) 内置多个系统角色,在实际使用时,简化授权管理。

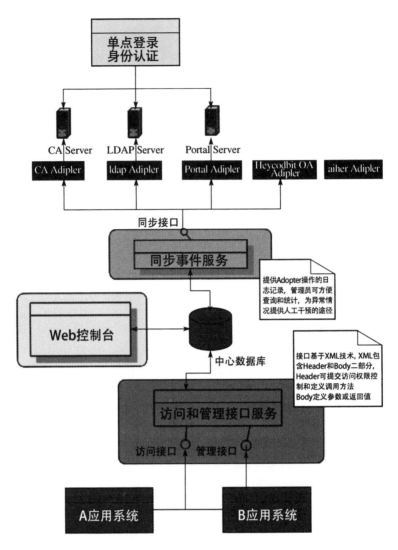

图 5-6　统一用户管理和授权服务架构图

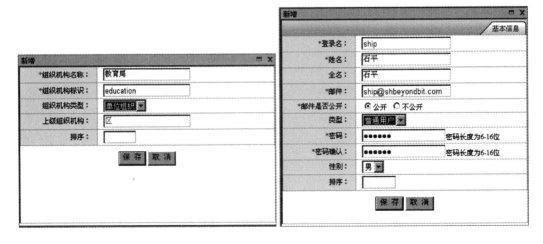

图 5-7　新增组织机构页面示例　　　　　图 5-8　新增用户页面示例

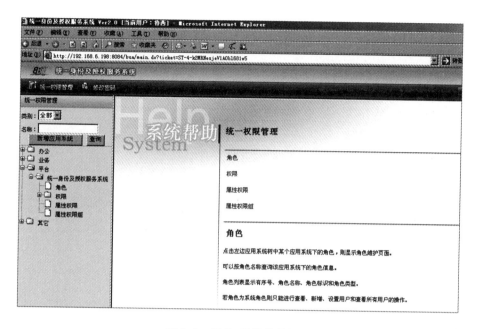

图 5-9   角色、权限管理页面

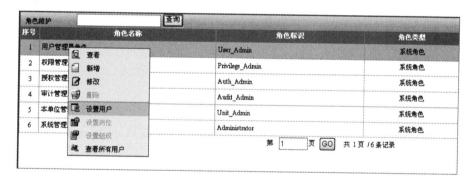

图 5-10   角色维护页面

（3）授权清晰化,把授权从应用系统和权限管理中独立出来,显得更加清晰,易于管理。

（4）授权载体单一化,授权载体全部采用角色,使授权逻辑更加清晰。

（5）权限直观化,采用树形结构展示,使权限管理更加直观明了。

（6）实现精确授权,严格限制哪个 IP 地址、哪个时间段的用户可以访问操作。

（7）提出权限范围概念,明确在授予某个权限时,在一定范围内有效,范围可以是组织机构、用户范围。

2）审计功能

（1）全面记录用户信息变更审计信息、用户登录审计信息、用户与角色关系变更审计信息、角色与权限关系变更审计信息。

（2）审计员能够对用户的权限来源进行历史追踪,可以清晰地查询到是谁、在什么时候

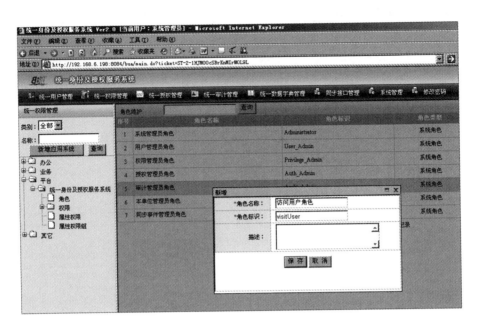

图 5-11　角色和用户授权页面

把什么权限授予什么人,再向上,还可以查询是谁、在什么时候把应该授权权限授予他,直到统一授权的系统管理员,如图 5-11 所示。

(3) 审计员能够对权限被授予了哪些角色进行历史追踪,如图 5-12、图 5-13 所示。

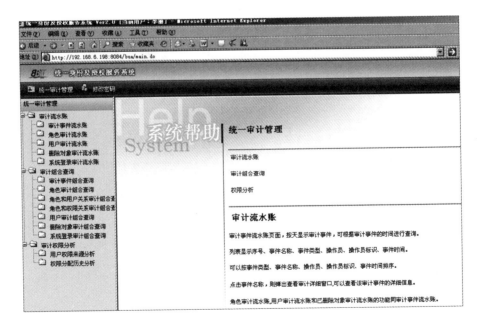

图 5-12　审计管理页面

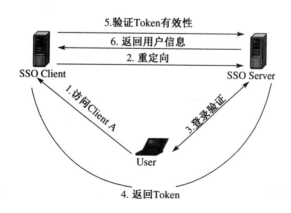

图 5-13　审计查询页面

3）接口管理

提供完全基于 B/S 结构的管理控制台和标准的访问接口、管理接口和同步接口的服务，操作简单直观。

2. 单点登录和统一身份认证

在多个应用系统中，实现全部用户只需要登录一次就可以访问所有相互信任的应用系统。服务基于用户名＋密码和 CA 证书＋PIN 码的统一身份认证，可以实现异构系统的单点登录。

单点登录和统一身份认证被设计成一个独立的 Web 应用，服务架构图如图 5-14 所示。

图 5-14　服务架构图

SSO Server 负责完成对用户的认证工作，SSO Server 需要独立部署。

SSO Server 会处理用户名/密码等凭证（Credentials），它可能会到数据库检索一条用户账号信息，也可能在 XML 文件中检索用户密码，对这种方式，SSO 均提供一种灵活但统一的接口以及实现分离的方式,SSO 认证方式与 SSO 协议是分离的,也就是说,这个认证的实现细节可以自己定制和扩展。

SSO Client 负责部署在客户端(Web 应用),原则上,SSO Client 的部署意味着,当有对本地 Web 应用的受保护资源的访问请求时,并且需要对请求方进行身份认证,Web 应用不再接受任何用户名密码等类似的 Credentials,而是重定向到 SSO Server 进行认证。

单点登录和统一身份认证服务功能包括实现统一的用户登录和实现统一的用户验证;登录功能可实现应用系统统一用户登录处理;验证功能可验证各应用系统获取登录凭证的合法性。通过用户名+密码和 CA 证书+PIN 码两种认证方式,支持基于数据库、LDAP / AD 或者第三方 CA 进行认证。

3. 流程引擎和表单引擎

流程引擎和表单引擎,可以快速、灵活地进行配置,方便实现跨单位的流转审批以及变更管理,实现文档管理与工作流的无缝集成,流程设计器、流程引擎以及表单引擎方之间的关系如图 5-15 所示。

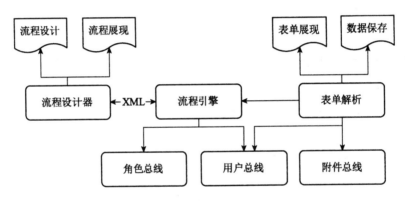

图 5-15　流程设计器、流程引擎、表单引擎方之间关系

1) 流程引擎

流程引擎按照流程设计器的配置进行流程之间任务的流转,它需要用户总线和角色总线的支持来获得流程节点的可操作用户信息,或者根据角色信息获得角色下的用户。同时流程引擎提供对于流程设计器设计时信息的 XML 导入和导出,并提供表单解析器对于下一步节点可操作用户的信息。

流程设计器负责整个业务的流向、流程节点的配置信息创建和修改并通过流程引擎进行存储。同时通过从流程引擎获得流程的流转信息用于呈现当前流程的详细进度信息。

表单解析器负责业务表单信息的解析转换,并将转换后的结果用于呈现和存储,同时结合流程引擎一同进行流程的流转操作。

2) 数据定制

系统可以通过数据设计器定制数据字段关系表,主要供流转表单中的数据存储使用,因此在定义数据项时可按照表单中的要素进行配置,如图 5-16 所示。

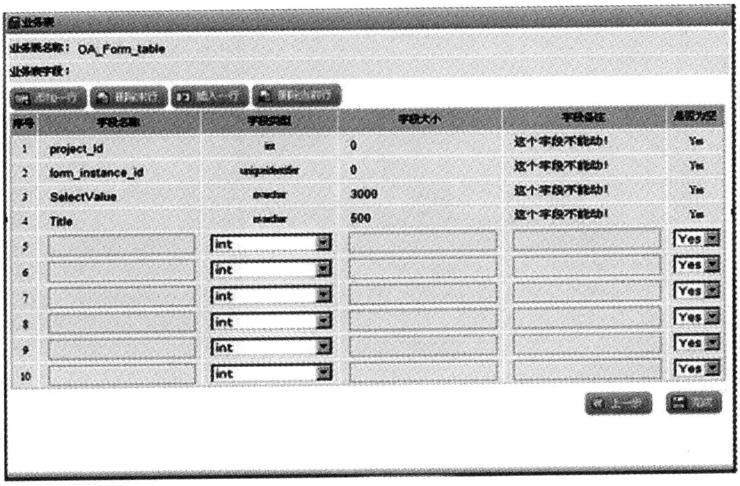

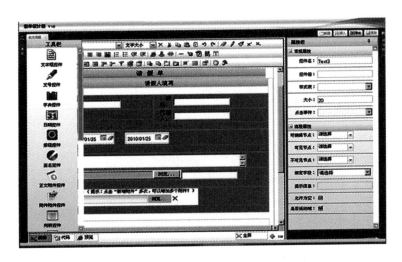

图 5-16 数据库设计器示例

3) 表单引擎

表单解析是作用于前台展现和实现工作流流转的纽带。首先它负责对表单进行合理的处理,并在前台展示。然后负责把前台的展示保存到数据库,并调用工作流对外方法实现工作流的流转,表单工作流转图、界面设计图如图 5-17、图 5-18 所示。

图 5-17 表单工作流转图

4) 流程设计器

流程设计器是简化流程搭建的可视化工具。它不仅用来辅助基于流程引擎进行二次构建的开发人员,同样它也可以帮助普通用户尽可能直观地构建出期望的业务流程。而工作流程引擎则依赖设计器提供的设计时信息进行流程的分析并流转。

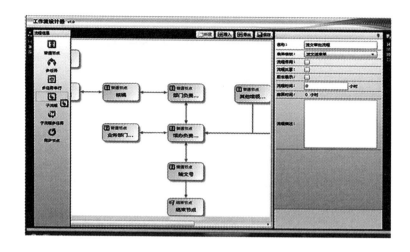

图 5-18　界面设计图

流程设计器的流程设计面板用于对流程节点和流程流向的添加、删除操作。其界面工具栏分为三部分：设计器操作、节点操作、流向操作。右侧的属性栏根据当前用户选择的是流程、流程节点或流向显示不同的属性，用户可以快速编辑该属性。

5）流程信息管理

用户通过双击界面空白处打开流程信息对话框。可以输入流程名称、流程描述、停留时间、是否共享、是否启用等基本信息。用户可以为当前流程选择对应的表单模板，当流程启动后，将应用用户所选定的模板作为流程模板，如图 5-19 所示。

4. 业主总平台主要功能

业主总平台主界面如图 5-20 所示。

业主总平台主要功能包括以下几项内容。

1）模型中心

在模型中心，不同格式的三维模型以轻量

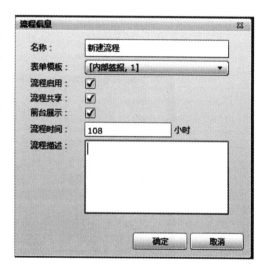

图 5-19　流程信息管理图

化方式在线无插件浏览，同时数据信息独立存储（即模型和数据分开存储），达到工程不同阶段、不同数据格式无缝流转。大到场地情况、地下管线、环境道路，小至建筑物内每个构件的几何尺寸、材料信息、安装制作等，都可以应用 GIS 图形引擎的核心功能和 BIM 模型进行整合，其中的融合不仅包括几何形状和三角面片的转换融合，也包括坐标转换以及 BIM 信息写入 GIS 数据库中，模型展示如图 5-21 所示。

图 5-20 业主总平台主界面

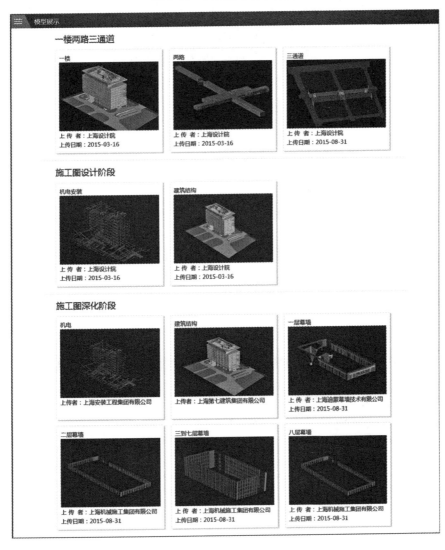

图 5-21 模型展示图

点击要查看的模型,可以对模型进行浏览和操作。

在浏览器中可以直接查看模型构件的结构和属性,系统提供了漫游、批注、剖切等功能,项目各参与方可以基于 BIM 模型发现、标识问题所在并通知项目相关人员,实现实时在线沟通和校审,如图 5-22 所示。

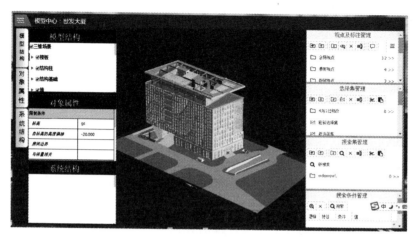

图 5-22　模型中心界面

2）计划管理

计划管理模块实现计划的在线编制、执行、调整的过程,可通过建立项目组织结构策划人员进行计划资源的分配,支持外部项目 OracleP6 和 MSProject 计划的导入,可将计划进行同步到文控管理目录树,自动生成项目结构,并对文控目录是否按期提交产物进行预警,如图 5-23 所示。

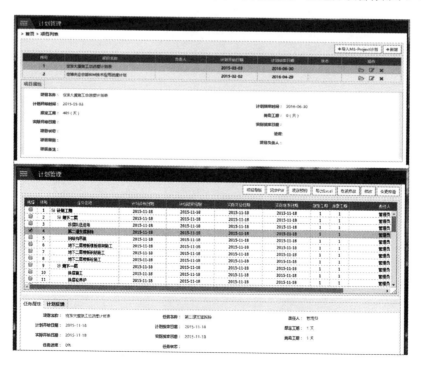

图 5-23　计划管理界面

3）计划反馈

计划反馈模块功能可帮助项目管理者实时了解计划的最新执行情况,项目管理者根据计划的反馈情况实时对计划作出对应的调整,以便更好地安排和执行项目计划。

用户可在工作台[我的任务]模块点击自己的任务进行计划反馈,将最新的任务执行状况和任务事件实时反馈到项目管理者,也可在[计划反馈]模块对任务进行反馈,任务每次反馈后自动形成任务反馈记录,以便项目后期进行查询管理。

计划反馈界面如图 5-24 所示。

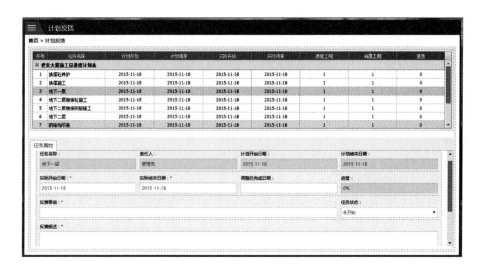

图 5-24　计划反馈界面

4）文控管理

文控管理界面如图 5-25 所示。

图 5-25　文控管理界面

(1) 项目 BIM 文档编码体系建设。以本项目为例,协同管理平台所提供的文档编码功能可为项目库中的每个文档生成唯一的编码。这在档案管理工作中是十分有用的。假设要为项目库中的每个设计文件生成一个图纸编号,该编号可能由文本(如项目名称、专业等)和序号等部分组成。可指定文本部分由文档的属性信息中的某一个或某几个字段组合而成,也可以事先设定一个固定的字符串。而序号部分可在指定的序数范围内自动递增生成。由此可对大量的文档进行自动编号。

(2) 项目全过程用户权限和应用体系建设。企业的文档资产和保密信息都存储在过程管理系统中,这要求系统有一套严格的安全策略来保证整个项目团队的数据安全。协同管理平台为保证用户项目数据的安全,提供了一套完整的动态访问授权体系来限定特定的用户在特定的状态对特定的项目以及特定的文档对象的访问权限,用户权限体系如图 5-26 所示。

综合运用权限设置及工作流程属性,将为项目成员所共享的大量工程文档提供严格的安全保护机制。

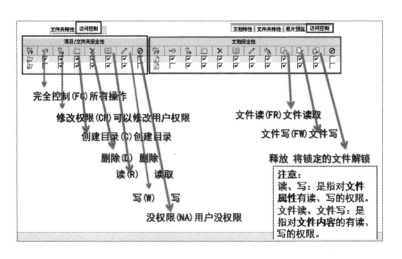

图 5-26　用户权限体系

(3) 项目数据及文件状态管理建设。在协同管理平台中,为了使信息获取更简单,文档通常按功能或习惯分成不同的组合,并以文件夹及子文件夹的层次结构方式来组织。用户可通过浏览分级式的树状结构轻易地找到项目数据,而无需个别追踪所有相关的文件及图档。

在协同管理平台中,每个文档都具有自己的属性信息,可以作为文档检索依据,并支持组合查询和模糊查询。逻辑的目录结构,允许按属性组合查询特征创建,逻辑的保存符合某些特征的文件,实现对文档的灵活分类。

项目基本属性管理包括项目名称、阶段、专业等目录体系,文件状态包括设计、顾问复核、项目负责人审核、项目管理方复核、运维系统确认等状态。

5）流程发起

利用工作流引擎和表单引擎实现对 BIM 协同工作流程自动化,每天将需要处理的业务主动推送到每个项目参与者的桌面上,让他们实时了解项目的动态,提醒和催促责任人加快处理各类项目事务,极大地提高组织内外的协同效率,从而加快项目推进。目前已有流程:BIM 模型成果提交审核流程、BIM 应用成果验收审核流程、设计阶段交底审核流程、投资监理 BIM 算量流程、世博大厦机电专业 BIM 计量成果提交流程。

6）待办事项

待办事项模块主要是系统将需要处理和审批的工作任务推送到个人工作台,用户点击具体的任务进行办理,待办任务可以分类显示,也可以设置各类任务的提醒方式,待办事项界面如图 5-27 所示。

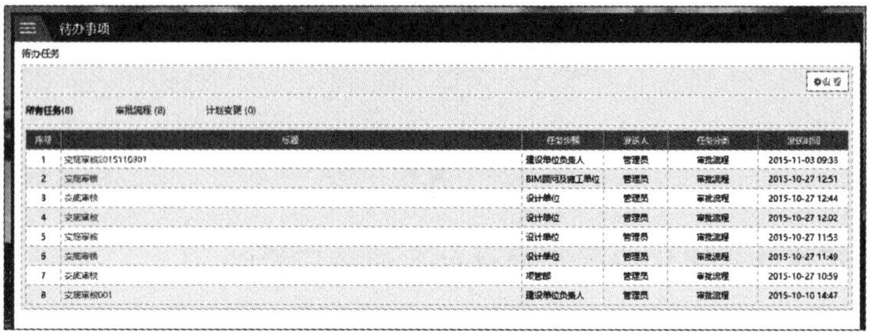

图 5-27 待办事项界面

7）已处理事项

已处理事项是以前处理过的流程审批事项,可以在此处查询和跟踪事项梳理进度情况。

8）成果展示

成果展示模块主要展示工程过程中的各项成果,包括设计成果展示、施工成果展示、重要数据展示以及交互式场景体验等,成果展示界面如图 5-28 所示。

图 5-28 成果展示界面

9）智能分析

根据业务数据自动抽取、汇总,以多种图表的方式从多组织层次、多项目视角集中展现项目的各种维度综合信息。综合展示包括项目、项目群以及项目组合的各维度汇总信息和

KPI 指标。通过门户系统以不同的 PORTLET 为用户程序提供不同侧面的数据,包括各种列表、图表、报表等形式。为管理决策提供有力的数据支撑。

主要功能分析包括总体监控分析、项目分析、资源分析、质量问题分析,智能分析界面如图 5-29 所示。

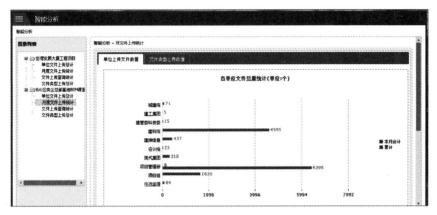

图 5-29　智能分析界面

5.2.5　大型建筑群体数字化协同管理平台实施推广概述

目前,大型建筑群体数字化协同管理平台已经推广了五个流程,以世博大厦为例,即世博大厦设计阶段交底审核流程、世博大厦 BIM 应用成果验收流程、世博大厦 BIM 模型成果提交流程、世博大厦投资监理 BIM 算量流程、世博大厦机电专业 BIM 计量成果提交流程。

1. 世博大厦设计阶段交底审核流程

流程说明包括发起设计交底审核任务、设计单位提交设计产物、BIM 顾问和施工单位进行审核、项目部审核、最后提交建设单位负责人,交底表单流程图界面如图 5-30 所示,交

图 5-30　交底表单流程图

底工作流程图如图 5-31 所示。

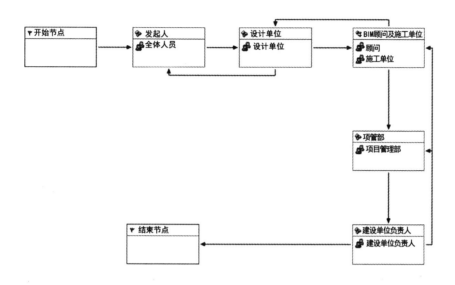

图 5-31　交底工作流程图

2. 世博大厦 BIM 应用成果验收流程

流程说明包括顾问发起 BIM 验收任务、总包方执行任务、三方进行审核、最后项目部终审,验收表单流程图界面如图 5-32 所示,验收表单工作流程图如图 5-33 所示。

图 5-32　验收表单流程图界面

开始节点
发起BIM验收任务
周某
曹某
总包方执行任务
世发_施工总包
三方审核
世发_施工监理
余某
项目部终审
周某
结束节点

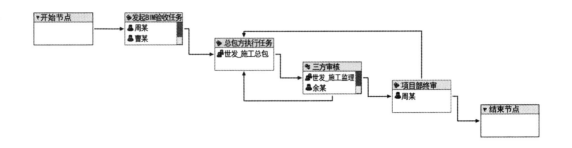

图 5-33　验收表单工作流程图

3. 世博大厦 BIM 模型成果提交流程

流程说明包括咨询顾问发起申请流程给总包，总包安排各分包上传模型文件给总包，总包将提交的模型文件给顾问进行审核，最后项目部进行终审，提交表单流程图界面如图 5-34 所示，提交工作流程图如图 5-35 所示。

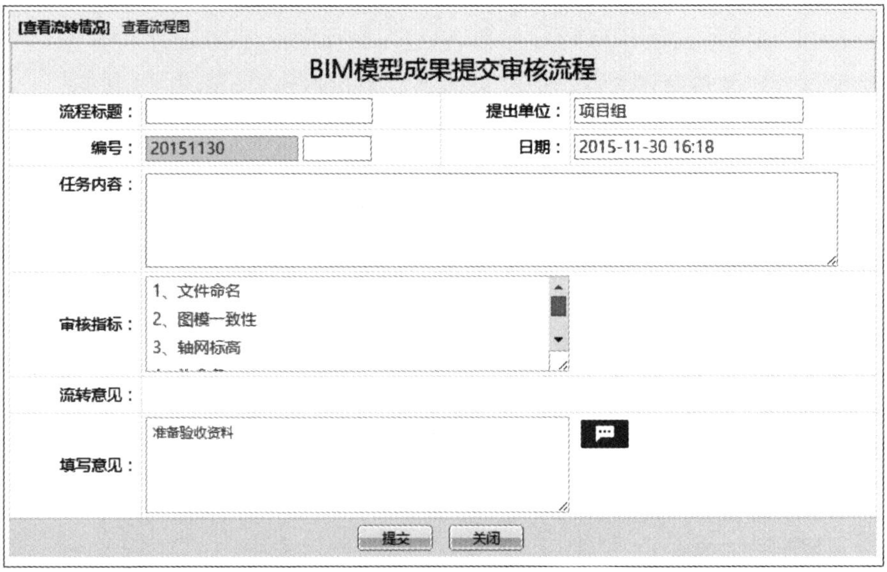

[查看流转情况] 查看流程图
BIM模型成果提交审核流程
流程标题：
提出单位：
项目组
编号：
20151130
日期：
2015-11-30 16:18
任务内容：
审核指标：
1、文件命名
2、图模一致性
3、轴网标高
流转意见：
填写意见：
准备验收资料
提交
关闭

图 5-34　提交表单流程图界面

4. 世博大厦投资监理 BIM 算量流程

流程说明包括咨询顾问发起申请流程给总包，总包安排各分包上传模型文件给总包，总包将提交的模型文件给施工监理和 BIM 咨询审核，投资监理出报告，最后业主接收相关材料，算量表单流程图界面如图 5-36 所示，算量工作流程图如图 5-37 所示。

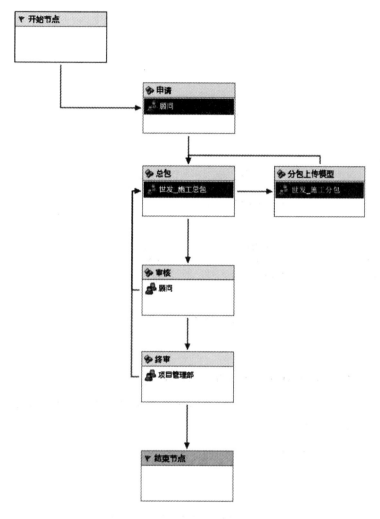

图 5-35　提交工作流程图

图 5-36　BIM 算量表单流程图界面

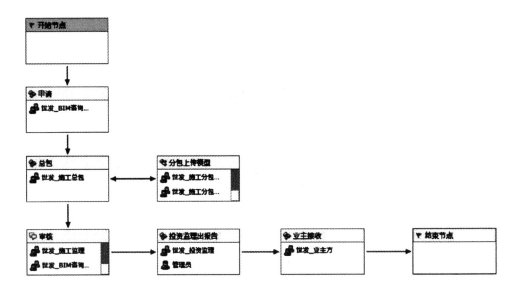

图 5-37 BIM 算量工作流程图

5. 世博大厦机电专业 BIM 计量成果提交流程

流程说明包括顾问发起机电专业 BIM 计量成果提交任务、机电分包提交计量成果、施工总包进行审核、投资监理和顾问单位进行审核、最后提交项目部,计量表单流程图界面如图5-38所示,计量工作流程图如图 5-39 所示。

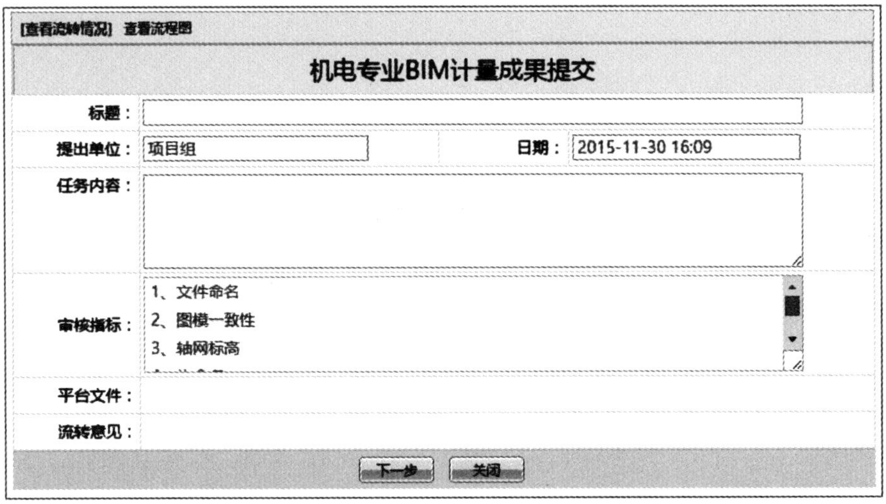

图 5-38 BIM 计量表单流程图界面

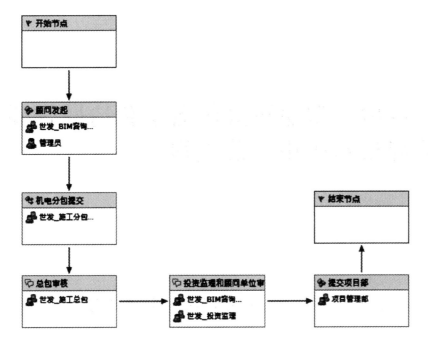

图 5-39　BIM 计量工作流程图

6 后世博大型建筑群体数字化协同管理关键技术应用示范工程

6.1　基于 BIM 的工程设计应用示范——世博大厦

世博发展集团大厦(以下简称"世博大厦")项目位于世博园区央企总部基地 B02A-05 地块,西临长清北路,南临博城路,北接国新地块,东靠中铝地块。所处的 B02A 地块内包括世博、国新、中铝、商飞四家央企办公楼。工程总建筑面积约 20 902.4 m²。其中地上建筑面积 13 603.4 m²,地下 7 299 m²。地下 2 层,主要功能为停车库、设备机房及配套用房;地上 9 层,主要功能为办公,建筑高度为 50 m。

世博大厦是一座现代、绿色、智能、灵活的现代总部级办公建筑,大楼本身成为央企总部园区的"和谐"一员,与周边建筑产生良性互动。设计理念中重视城市环境,利用良好的景观资源,驱动建筑空间设计,打造视野一流的办公空间,同时注重自身特色,打造城市景观平台,塑造滨江地标性建筑。在限高 50 m 的前提下,通过顶部造型和立面竖向肌理创造合适的比例感。丰富大气的造型形成建筑组群中的亮点,同时也成为央企总部基地建筑群中特色鲜明的个体建筑。

6.1.1　BIM 技术应用

世博大厦作为项目的成果应用示范之一,承担了项目从规划设计、施工建造到运营维护全过程 BIM 应用的验证示范作用,体现了 BIM 技术在项目全生命周期中工程实践的应用价值。

参考美国宾州大学《BIM 项目实施计划指南》(*BIM PROJECT EXECUTION PLANNING GUIDE*)中对 BIM 应用点选择的原则,对 BIM 在世博大厦项目中的多个潜在应用点进行多维度考量评估,体现 BIM 应用对工程应用的价值大小,最终确定了现状建模、成本估算、四维模拟、设计建模、设计评审、三维协调、记录模型、空间管理及追踪等在不同项目实施阶段需要完成的八个 BIM 应用策略。

1. 现状建模

现状建模是指项目团队在场地、场地设施或特定区域设施的现有条件下创建三维模型的过程。这个模型能够通过多种途径创建,包括传统的测量技术,创建时取决于所需要的和最有效率的数据内容。模型创建完成后可以查询场地、已完成的建筑、结构实体工程几何信息。

2. 成本评估

成本评估是用于协助产生精确的工料估算和项目整个生命周期的成本估算。这个过程可以让项目团队在项目的所有阶段看到成本变化产生的影响,这有助于抑制由于变更产生的预算超支。特别是 BIM 能够提供由于增添和修改产生的成本效应,这有助于节约时间和费用,在项目的设计阶段有助于实现效益最优化。

3. 四维模拟

四维模拟被用于高效的整修或者表现施工工序和空间需求。四维模型化是一种高效的可视化和沟通的工具,帮助项目团队和业主更好地理解项目里程碑和建造计划。

4. 设计评审

设计评审是利益相关方浏览三维模型,并提供反馈意见验证设计的多个方面。这些方面包括评估会议程序、在虚拟环境中预览空间美学和布局、设置标准如布局、视线、照明、安全、人类工程学、音响、纹理和颜色等。这一 BIM 应用可以通过计算机软件或者辅以特殊的虚拟模型设施如计算机辅助虚拟环境和沉浸式实验室来实现。虚拟模型可以根据项目需求执行各级细节操作。这一应用的实例是创建建筑的非常详细的一小部分模型如外观来快速分析设计方案、解决设计和施工能力问题。

5. 设计建模

设计建模即使用三维软件开发基于标准的建筑信息模型并传达建(构)筑物的设计意图。两组基于 BIM 的应用程序分别是在设计过程中的设计建模软件和评审分析软件。设计建模软件创建模型,评审分析软件研究或添加丰富的信息导入模型。大多数的评审和分析工具可用于设计审查和工程分析 BIM 使用。建模软件是面向 BIM 的第一步,其中关键是连接强大的三维模型数据库的属性、数量、手段和方法、成本和时间表,等等。

6. 三维协调

通过比较三维模型的构建系统,三维协调软件在协调过程中用于确定领域冲突。冲突检测的目标是在安装之前消除系统的主要碰撞。

7. 记录模型

记录模型是指精确描绘设备的物理条件、环境和资产的现状。模型最少要包含与主要建筑、结构、MEP 元素相关的信息。集成了之前建筑模型的执行、维护和资产数据。根据业主需求添加附加信息(包括设备和空间计划系统信息)。

8. 空间管理及追踪

应用 BIM 来分配、管理并追踪合适的空间和相关的设施资源。设施的信息模型允许设施管理团队分析空间的用途并有效地对可适用的变化用计划管理。此项应用在项目的改造过程中非常有用,由于项目中的建筑物空间是被占据的,空间管理和追踪可以保证设施的生命周期内空间资源的合理分配。此应用一般要求和空间追踪软件集成。

6.1.2 效益分析

1. BIM 碰撞检测对建设周期、造价等的影响

在世博大厦项目设计过程中,通过实施三维设计和校核技术,实现了多专业整合协调,显著减少了各专业之间的冲突及其带来的设计变更问题。据统计,设计过程中总计发生相关大小碰撞约 190 处(表 6-1),在设计阶段解决此类问题将显著减少后期施工过程中的变更费、管理费和施工周期。

表 6-1　设计过程中的冲突数量统计

冲突数量	建筑	结构	强电	弱电	暖通水	暖通风	给排水	消防
AR -建筑	8	/	/	/	/	/	/	/
ST -结构	13	12	/	/	/	/	/	/
EL -强电	3	8	2	/	/	/	/	/
TC -弱电	3	5	3	4	/	/	/	/
AC -暖通水	3	13	3	1	2	/	/	/
AD -暖通风	9	20	1	2	1	7	/	/
PL -给排水	6	6	2	5	2	5	3	/
FP -消防	7	6	3	6	3	2	3	2
TP -动力	0	0	2	0	1	2	1	0

通过对碰撞进行分类汇总发现,主要解决的问题以非原则性的设计问题、错漏、净高、结构留洞为主,如图 6-1 所示。

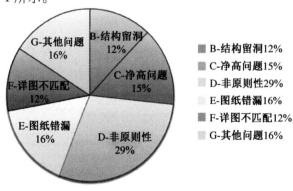

图 6-1　各种问题的比率

为了进一步分析数据,量化 BIM 技术对工程造价及建设周期的影响,根据前文用到的数据,选取 BIM 算量区间,结合工程造价定价,测算 BIM 检测碰撞对人工、造价等的影响,从而推导 BIM 技术对这个工程的建设周期、造价指标等的影响,生成的数据文件如表 6-2 所示,碰撞检测如图 6-2—图 6-5 所示。

表 6-2 世博大厦 3 层碰撞消耗

序号	系统	材料名称	规格	单位	BIM 算量	定额人工	综合价格/元	碰撞量	节省人工	节省造价/元	百分比/%
1	空调风	酚醛复合风管	1 000×400	m	22.232	3.29	390.7	1.5	0.22	26.36	6.75
2		酚醛复合风管	800×400	m	64.2	7.3	868.22	2.2	0.25	29.75	3.43
3		酚醛复合风管	630×400	m	27.14	2.48	295.19	0.8	0.07	8.70	2.95
4		酚醛复合风管	500×400	m	48.939	4.79	536.89	2.3	0.23	25.23	4.70
5		酚醛复合风管	320×320	m	18.255	1.16	129.56	1.1	0.07	7.81	6.03
6		酚醛复合风管	320×250	m	3.827	0.18	20.46	1.5	0.07	8.02	39.20
7		酚醛复合风管	400×250	m	3.611	0.2	21.91	0.2	0.01	1.21	5.54
8		镀锌钢板风管	900×350	m	4.45	0.55	65.12	0.3	0.04	4.39	6.74
9		镀锌钢板风管	1 250×350	m	4.47	0.64	78.47	0.00	0.00	0.00	0.00
10		镀锌钢板风管	500×320	m	9.11	0.73	82.18	0.6	0.05	5.41	6.59
11		镀锌钢板风管	630×400	m	7.53	1.17	138.92	1.8	0.28	33.21	23.90
12		镀锌钢板风管	1 000×320	m	12.1	4.42	525.7	0.9	0.33	39.10	7.44
13	给排水	聚丙烯静音管	De75	m	8.834	0.45	204.09	1	0.05	23.10	11.32
14		聚丙烯静音管	De50	m	107.769	4.1	1073.74	6.3	0.24	62.77	5.85
15	消防	镀锌钢管	DN65	m	50.3	12.42	1779.51	2.5	0.62	88.44	4.97
16		镀锌无缝管	DN150	m	104.685	32.25	9069.22	2.9	0.89	251.24	2.77
17		镀锌无缝管	DN100	m	97.863	24.87	4366.63	11.3	2.87	504.20	11.55
18	电气	热镀锌桥架	300×100	m	113.416	28.8	4171.53	1.4	0.36	51.49	1.23
统计					平均数值			2.14	0.37	65.02	8.39

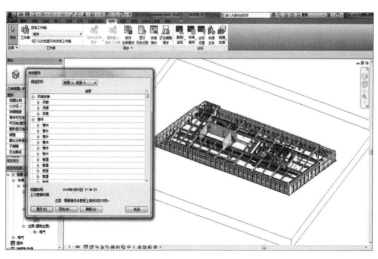

图 6-2 碰撞检测软件

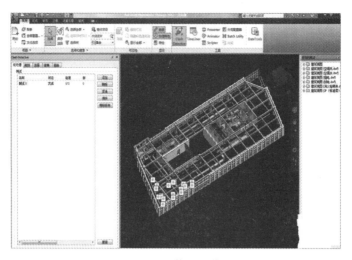

图 6-3　碰撞检测作业

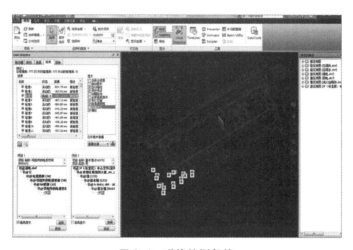

图 6-4　碰撞检测复核

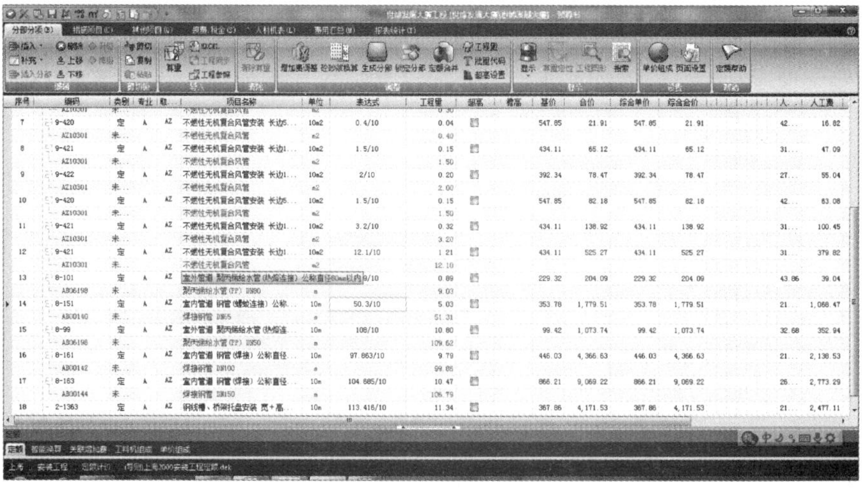

图 6-5　定额计算软件

为表达 BIM 碰撞检测对于工程造价以及建设周期的影响,特地选用了《上海市 2000 定额》作为基准参考,通过计算人工损耗以及区段造价来推导 BIM 对整个工程的建设周期以及工程造价的影响。从图表中可以看出碰撞检测对于前期的工程准备以及省去不必要的返工有较大的帮助。仅三层一个楼面节省的造价以及施工周期就达 8.39%。

同时,BIM 对于缩短工程量计算也有很大的帮助,从运行碰撞检测到最后产生工作量报告,只需要两天的时间。若通过人工手段想要实现,有经验的施工人员也需要一周的时间,效率提升远超过 50%。根据工程使用中的实际测算,通过对设计模型的深化以及管线碰撞测试所造成的错、漏、碰、缺、返工等造成的浪费减少 80.9%。

综上所述,BIM 技术作为一项新兴的、脱胎于传统 CAD 技术的软件,正不断提升工程现场的管理水平,也使施工单位的相关工序效率大大提高。未来其与云平台大数据的结合将使传统的粗放的建筑产业迎来一次巨大的变革,并彻底改变建筑面貌,且对于率先成熟运用的项目而言,将是受益匪浅的。

2. 世博大厦幕墙工程 BIM 实际运用

本项目运用 Autodesk AutoCAD 2014 作为施工图纸的制图软件,Autodesk Revit2014 作为 BIM 建模软件,同时结合世博大厦的实际情况,选择第 3 层作为幕墙工程计价研究的标准楼层。该楼层建筑面积为 1 463.9 m²,楼层标高为+13.500～+18.000 m。幕墙装饰面材的工程量为计量分析数据,本项目幕墙面材为玻璃、石材、铝板等。

以同一版的幕墙施工蓝图为基础,从传统二维平面图和立面图、节点图手工计算及 BIM 建模后导出工程量这两种形式入手,生成工程量计量对比数据文件如表 6-3 所示。

表 6-3　世博大厦幕墙工程 3 层实物量对比表

序号	系统	材料配置	单位	手工算量 (a)	BIM 算量 (b)	偏差百分比 $\left(c=\dfrac{a-b}{a}\times100\right)/\%$	原因分析
1	石材幕墙	30 mm 荔枝面石材	m²	589.8	573	2.85	BIM 算量为石材净面积,非幕墙分格,已扣除胶缝、石材搭接等实物工作量
2		30 mm 光面石材	m²	200.9	109	45.74	BIM 算量为投影面积(为石材净面积),且已扣除胶缝、石材搭接等实物工作量,手工算量为展开可视面积

（续表）

序号	系统	材料配置	单位	手工算量 (a)	BIM 算量 (b)	偏差百分比 $\left(c=\dfrac{a-b}{a}\times100\right)/\%$	原因分析
3	玻璃幕墙	6＋1.14＋6Low—E＋12A＋6 钢化中空夹胶玻璃	m²	440.1	417	5.25	BIM 算量为玻璃净面积，非幕墙分格面积，BIM 导出面积时已自动扣除胶缝、装饰条等实物工作量
4		6＋1.14＋6 钢化夹胶玻璃＋2 mm 铝背板	m²	4.06	3.5	13.79	
5		8＋12A＋8 中空玻璃（易击碎）	m²	5.26	4.46	15.21	
6		6＋1.14＋6Low—E＋12A＋6 钢化中空夹胶玻璃＋2 mm 铝背板	m²	8.95	8.45	5.59	
7		6＋1.14＋6Low—E＋12A＋6 磨砂钢化中空夹胶玻璃	m²	6.47	5.84	9.74	
8	防火玻璃幕墙	6＋1.14＋6Low—E＋12A＋6 铯钾防火钢化中空夹胶玻璃	m²	7.2	6.8	5.56	BIM 算量为玻璃净面积，非幕墙分格面积，BIM 导出面积时已自动扣除胶缝、装饰条等实物工作量
9	百叶窗	铝合金百叶	m²	7.56	7.56	0	百叶窗均为单个洞口安装，均为百叶窗面积，无差异
10	铝板幕墙	3 mm 铝单板	m²	122.5	109	11.02	BIM 算量为铝板安装净面积且为投影面积，非幕墙可视展开面积，BIM 导出面积时已自动扣除胶缝等实物工作量
11	室内踢脚线	2 mm 铝单板	m²	44	25	43.18	BIM 算量为铝板安装投影面积，非幕墙展开面积，且 BIM 导出面积时已自动扣除胶缝等实物工作量

1）两种算量方式的图片简介

传统二维平面图和立面图如图 6-6—图 6-12 所示。

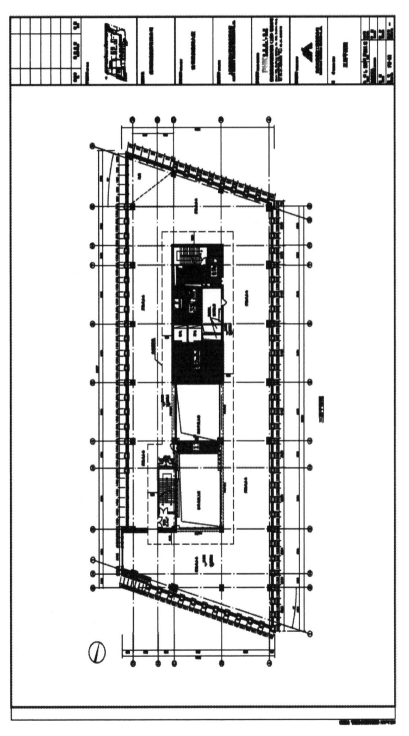

图6-6　3层幕墙平面图

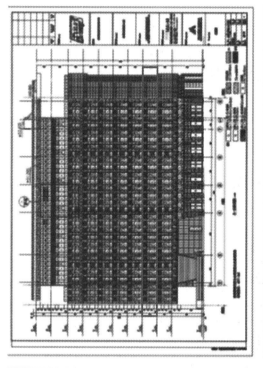
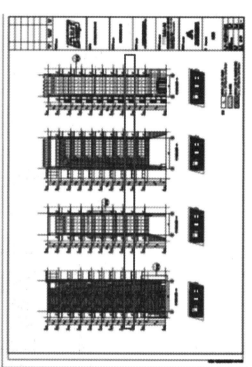
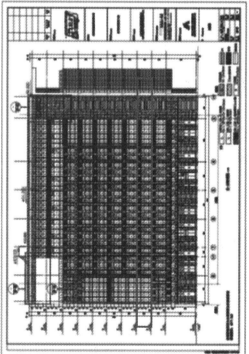
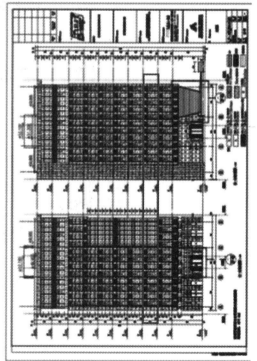

图 6-7　二维立面图

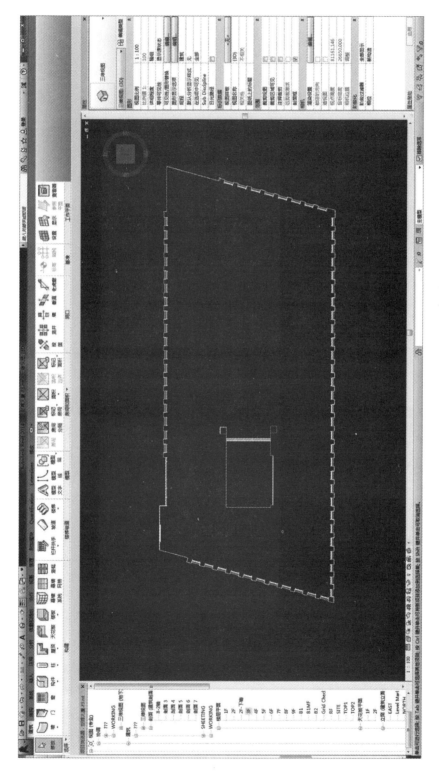

图 6-8 3 层幕墙 BIM 建模型俯视图

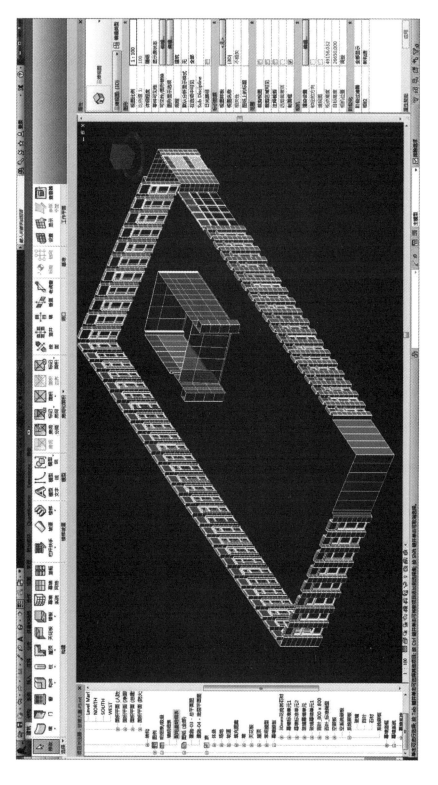

图 6-9　3 层幕墙 BIM 建模模型鸟瞰图

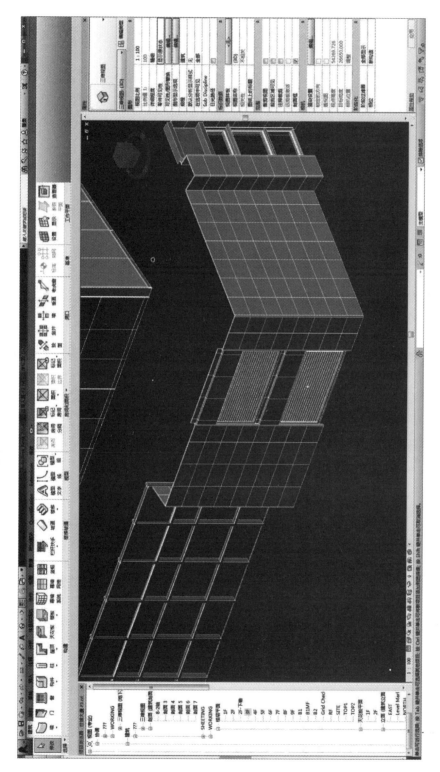

图 6-10　3 层幕墙 BIM 建模模型局部放大图（西南角）

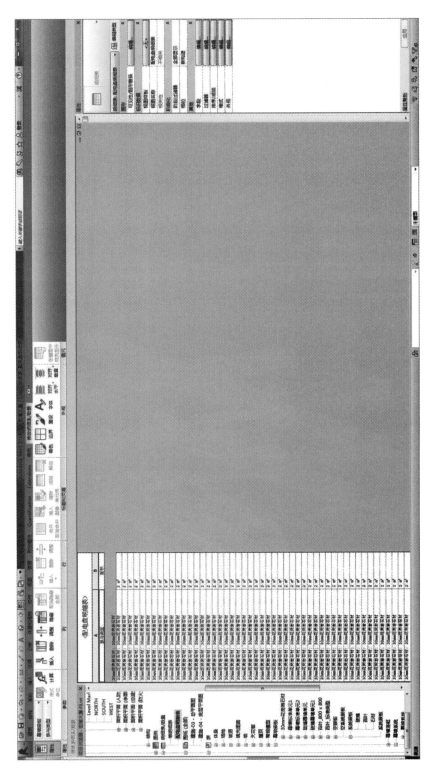

图 6-11 BIM 软件工程量导出界面图(石材)

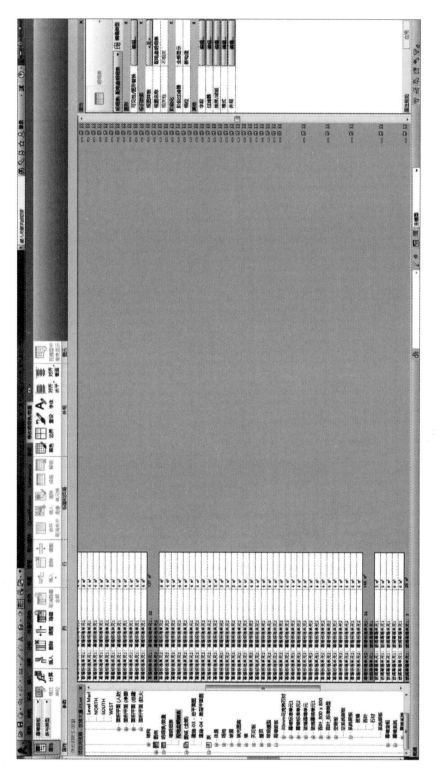

图 6-12　BIM 软件工程量导出界面图（玻璃）

2）实物量对比分析

通过选择上面两种算法的实物量(各种幕墙面材的面积)为对比对象分析发现:

(1) 通常人工计算的幕墙面积是按照幕墙分格进行计算,而 BIM 模型一般自动导出幕墙面材的净面积。如幕墙分格的宽×高为 1.4 m×1.25 m,手工计算值为 1.4 m×1.25 m (＝1.75 m²),如暂定密封胶的缝隙为 15 mm,则 BIM 模型导出的面积为玻璃净面积,即 1.385 m×1.235 m≈1.710 m²,二者相差 2.3%(针对本项目中 3 层计算的幕墙的玻璃面积相差基本是 BIM 模型未计算胶缝及装饰条等面积造成的)。

(2) 针对存在石材装饰线条的幕墙,人工计算一般计算"石材展开可视面积",而 BIM 模型导出的一般为"投影面积",这是第 2 条层间石材面积相差较大的主要原因(相差 45.74%)。

(3) 人工计算时会结合项目的难易程度、人员、工艺等采取不同的损耗值,BIM 模型一般未考虑损耗。

(4) BIM 建模时设置的精度要求高低,将对 BIM 模型数据导出影响较大。

(5) 由于不同地方的规范、条规要求不同(如上海市地方幕墙规范较其他区域较为严格),BIM 建模时如未根据当地情况适当调整系数取值和要求,将对日后数据导出影响很大。

(6) BIM 选用不同软件,对导出数据也有不同的影响,如 Autodesk Revit 与 Catia 软件对 BIM 的精度也不同。

目前,BIM 电子算量仍处于图纸、各地区规范及技术要求等不一致、深度也未达到计算机软件可以自动导出的阶段,但只要不断完善技术要求、完善电算技术软件与实际相结合的深度,相信在不久的未来,电算的效率、时间和精度会优于人工计算。同时,计算机软件在工程中的智能化也会使建筑各方(建设方、总承包方、施工方、监理方等)在工程成本控制、费用审核、工期优化、工程质量等方面得到很大的提高。

6.2 基于 BIM 的工程综合应用示范——规划一路和规划二路地下空间工程

道路北段两侧为 B02A 和 B02-B,基坑开挖深度分别约 11.2 m 和 15.4 m,单区块占地面积约为 2.2 万 m²;博城道路北段两侧路以南地块地下空间均为地下三四层,道路中段两侧 B03-A 和 B03-C 基坑开挖深度约为 15.4 m;道路南段两侧 B03-B 和 B03-D 基坑开挖深度约为 19.7 m,单区块占地面积约为 2.13 万 m²。

地下一层为功能适变层,层高较高(主楼轮廓线下 6.4 m,主楼轮廓线外 4.4 m),根据甲方需求设置门厅、职工食堂等配套服务功能;地下二层主要分为公共商业区、人行公共通道、垂直交通点、办公通勤通道、停车区及配套用房。地下三层为车行连通主导层,地下停车场分为南、北两大片区,实现车行大环通。地下四层停车集中于 B03-B 与 B03-D 地块。

6.2.1 项目特点与难点

(1) 项目的特点:多投资主体、多建设承担单位、多项目进度、共同地下空间建设。

(2) 规划设计方面的难点:地上各建筑物单体非统一设计,将使世博园央企总部基地整体设计风格难以保证一致,并且建筑单体间及各建筑单体内专业间(市政、能源等)的接口协调难以保证。

(3) 施工方面基坑开挖(同时施工)的难点:非统一施工,在没有红线制约的有限施工场地,互相制约;共同沟通协调穿越问题,建设时间紧迫。

6.2.2 BIM 技术的应用

1. 地下空间工程设计中 BIM 技术应用体系

BIM 技术应用体系主要从 BIM 应用的目的、建模标准、软件的选择、BIM 设计实施模式以及 BIM 总体工作流程等角度展开研究,制订 BIM 技术应用体系的基本框架。

2. 建模与可视化设计技术

建模与可视化技术是 BIM 应用最直接的应用技术。主要研究 BIM 设计成果可视化的几种方式,其中主要有基于 Revit 软件的设计的可视化,基于 Navisworks 的实时交互可视化,基于 Lumion 二维图形平台交互式实时可视化,基于其他平台轻量格式的快速可视化,基于传统三维动画制作软件的可视化,基于 Artlantis 的交互式全景可视化技术。最后对各种可视化方案进行比较,选择一种最适合地下空间项目的可视化技术,相关技术可供其他项目借鉴。

3. 建模与出图同步技术

根据 BIM 设计实施的模式,建模与出图基本上有两种技术,一种是由三维生成二维与原施工图校验的形式,另一种是三维直接出图的形式。理论上后一种是最理想的形式,属于 BIM 设计软件的终极目标。但由于软件以及相关配套功能不够成熟的原因,选择第一种反而是现阶段的主流,因此本项研究对相关的影响因素进行分析,提出分步骤的策略,以满足工程的实际需要。BIM 建模如图 6-13 所示。

4. BIM 设计协同技术

设计协同技术分为三个层次,第一层次为同一专业内协同,比如结构专业的建模软件与计算软件之间的协同,建筑建模软件与绿色建筑分析软件之间的数据协同;第二层次为不同专业之间的协同,即建筑、结构、给排水、暖通、电气之间的协同,本项目对三维协同采用的模式进行了对比分析并选择一种适合的方式;第三层次为设计单位之间的协同,针对本项目出

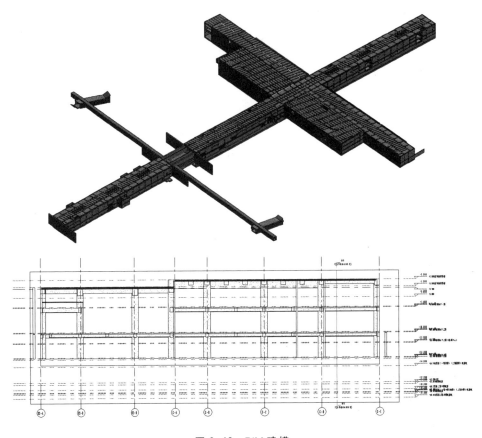

图 6-13 BIM 建模

现的地下公共区拟建工程需要与相邻地块之间的拟建工程进行设计技术对接,BIM 技术协同发挥了较大的作用。

协同的根本在于流程,因此制订各层次协同的流程并进行检验相当重要。本项目对 BIM 与二维设计协作机制流程、地下公共区 BIM 设计工作流程、地下公共区与各地块模型对接验证工作流程、BIM 设计模型质量保证机制等进行了协同管理并通过了检验。

5. 自动碰撞检测与管线综合技术

本项工作一般分为两阶段,第一阶段是 Revit 平台内的各专业碰撞,这种碰撞伴随着设计建模的过程可以随时开始,以检测建模时的低级错误,属于"硬碰撞",模型在三维空间内有实体干涉时就会触发;第二阶段是转移到 Navisworks 中进行"软碰撞"检测,"软碰撞"可以检测构件(例如管线)的保护范围内是否有"虚拟"干涉,最大化实现管线的保护空间以及检修空间等,实现管线综合设计最优化,自动碰撞检测模型如图 6-14 所示。

6. 建筑技术参数获取与分析

主要针对净高检查以及逃生路径分析等多项技术,采用二次开发或借助专业软件或插件的方式完成,选择合适的研究路线,解决工程的实际需要。例如,净高检查可以借鉴

图 6-14　自动碰撞检测模型

Navisworks 中的"软碰撞"功能实现,技术实施成本比较低。

7. 技术经济指标自动统计

针对本工程的特点和需要,建立虚拟的模型,进行指标自动统计,并设置固定模式的表格。

8. 工程量统计分析技术

主要针对特定专业的工程量展开研究(例如结构构件混凝土数量、建筑门窗数量、主要设备数量等),通过静态的模型数据与实际工程量数据的比对,对 BIM 工程量统计中一些经常存在的问题进行分析,提出工程量分析统计的步骤和注意事项。

6.2.3　地下空间围护结构投资分摊 BIM 技术应用

各家合作投资主体不仅关心工程所带来的效益,而且也很关心自己在工程建设及管理中所应承担的工程费用(建设投资和年运行费用)。经济效益合理程度,各企业应负担多少费用,是否在其所接受的范围之内,决定着他们对项目的支持态度。在各受益企业之间进行投资和年运行费的合理分摊,可以较为准确地进行各投资体的经济评价,有利于合理确定项目的开发规模,充分发挥投资的经济效益,充分利用既有资源。对于建设单位关心的共用地下空间维护结构投资分摊采用 BIM 技术进行辅助分析,为开展基坑围护工程的项目投资分摊提供决策数据支撑。

1. 主要研究方法

本专题对现有多种投资分摊对象和方法进行了分析和对比,针对本项目合适的分摊方法进行了选择,并建立了 BIM 模型,利用 BIM 模型的报表输出功能,得到各种需要的参考数据,实现了专题的目标。

2. 技术路线

(1) 需求分析。对世博 B 片区各地块业主的分摊需求进行调研和分析。

(2) 分摊分析。根据前期调研分析,确定基坑工程中可分摊的工程内容。采用可选的若干种分摊方法,进行分摊计算,并提供比选方案。

(3) 跟踪反馈。依照采纳后的分摊方法,跟踪工程数量变化,及时反馈完善。

3. 投资分摊对象研究

世博 B 片区基坑工程,涉及地下墙工程、加固工程、支撑工程、桩基工程等各个部分。可以细分为两部分,即共用工程和专用工程。共用工程主要是地下墙工程;其余部分是专用工程。

4. 投资分摊方法综述

1) 现有投资分摊方法分类

(1) 按比例分摊总投资。这种方法重点是确定分摊系数。比例分摊方法很多,最常见的是按用地面积、建筑面积或效益比例确定。用这类方法分摊工程建设项目本身的投资尚可以,如果用来分摊多主体复杂工程总投资,就可能把某些企业的专用工程的投资按比例分摊到其他企业去,得出不合理的结果。

(2) 按比例分摊共用工程的投资。这个方法是各企业分摊的投资额等于本企业专用工程投资加上分摊的共用工程投资。具体的分摊方法以及分摊系数的确定方法有多种,如按各部门用地面积或建筑面积比例分摊,按效益比例分摊等。

(3) 按比例分摊综合利用工程的剩余投资。这类分摊系数的确定方法与前两种情况基本相同,也有许多种。由于按比例分摊的投资一般占总投资的份额较大,剩余投资占的份额较少,因此虽然分摊系数用不同方法确定时有较大差别,但对成果影响较小。这种方法的不足之处是计算这类投资的工作量很大。

2) 现有投资分摊方法评述

现有的投资分摊方法有:指标系数分摊法、替代方案费用比例分摊法、效益比例分摊法、可分离费用剩余效益分摊法、主次分摊法、抵偿年限分摊法和平均分摊法等。

借鉴 1994 年颁布的《水利建设项目经济评价规范》(SL72—2013),其中对综合利用工程投资费用分摊作了暂行规定,规定中要求为各功能服务的共用工程投资费用,应在各部门间进行合理分摊,以下主要介绍了五种主要分摊方法并分别对这五种投资分摊方法加以分析说明。

（1）指标系数分摊法。这是一种按工程的某些指标（如建筑面积、地下室面积、地下工程体积等）的比例进行投资分摊的方法。将可利用的建筑面积、体积作为建筑工程项目的一种指标。利用指标多的部门，承担的投资份额大，反之，承担的小一些。

（2）替代方案费用比例分摊法。这种方法是以各部门最优等效替代方案费用的比例作为各受益部门分摊投资的比例系数。该方法的出发点是各部门中最优等效替代方案费用大的部门多承担工程投资。采用该方法最大的困难在于需要进行最优等效替代方案的设计，以估算各部门的最优等效替代措施的投资。这项工作牵涉面广，工作量大，而且需要有关部门的密切配合。有时因条件限制，估算的替代方案的投资费用差异较大，将直接影响采用替代方案费用比例分摊法分摊投资的效果。

（3）效益比例分摊法。该投资分摊方法与各部门获得的效益大小有关，效益大则多分摊投资，效益小则少分摊投资。如果承认工业上的"股份分红"原理，这种方法是有一定道理的。事实上，由于各部门的情况不同，受国家政策的影响，同样的资源在各部门取得的实际效益是不同的，因此，按照效益的大小来分摊工程投资，并没有充分的理论依据。这种方法实际应用时需注意以下几方面的问题：

① 计算的各部门所获得的效益是否与实际相等。这取决于计算资料是否全面与准确，计算方法是否完善。

② 效益计算的范围。项目的效益应包括直接效益和间接效益两部分。间接效益可分为一级间接效益和二级间接效益等，计算到哪一级、是否还要计算相应的外部费用等，《水利建设项目经济评价规范》中没有说明，只能根据工程实际情况决定。效益还可分为经济效益和社会效益，有的能定量计算，如建筑容积率等；有的只能定性分析，如环境效益等。

③ 对部分企业来说，按经济效益大小分摊的投资与所获得的利益没有直接关系。

（4）可分离费用剩余效益分摊法。可分离费用剩余效益分摊法简称剩余效益法，它先估算出可分离费用，再根据剩余效益的比例分摊剩余费用。计算基坑工程各企业效益的方法有两种：

① 修建后与修建前相比能获得的实际效益。

② 具有同等效益的非综合性最优替代措施的年费用，例如修建水电站，可以替代相应规模的火电站，使火电站的年费用节省下来，可用节省的年费用作为修建水电站的年效益。

剩余效益法，首先以两种方法算出的各部门效益的较小值作为计算效益，然后将计算效益减去可分费用求出剩余效益，最后按剩余效益的比例分摊工程的剩余投资。这种方法的本质也是按照效益的比例分摊投资的，但它在各部门之间分摊的投资，仅是工程中的剩余投资，它比原来要分摊的工程总投资（或共用工程投资）要小得多，可缩小分摊误差，分摊结果比较合理。近年来，该方法在欧美和日本等国已得到广泛应用。

（5）主次分摊法。这种方法的思路是：当工程的主次关系明显时，其主要功能获得的效益占项目总效益的比例很大时,可由工程主要功能承担全部共用工程投资或剩余投资,次要功能只承担其专用工程投资或可分投资。这种方法比较简单,但其应用存在着很大的局限性,一方面是由于工程难以明显区分企业的主次地位,另一方面即使是主次地位很明确,次要部门不承担共用工程投资或剩余投资也不是很合理的。

综上所述,经过调研研讨,各家企业原则上同意对项目共用部分,即地下墙部分,按照指标系数法进行分摊,指标可采用用地面积、地下空间建筑面积等。

5. BIM 技术在项目分摊工作中的应用

基本分摊数据如表 6-4—表 6-6 所示。

表 6-4　各产权地块地下室建筑面积统计表(按企业)

企业	地块编号	用地面积/m² 各产权地块内	合计/m²	地下室建筑面积/m² 各产权地块内	合计/m²
国新	B02A-02	3 525	3 525	6 678	6 678
中铝	B02A-03	3 715	9 230	10 635	26 595
	B02A-06	5 515		15 960	
商飞	B02A-04	3 590	18 343	10 428	53 649
	B02A-07	3 756		10 995	
	B03A-03	10 997		32 226	
世博集团	B02A-05	3 579	3 579	6 932	6 932
宝钢	B02B-01	3 624	17 351	10 464	60 528
	B02B-04	3 717		10 824	
	B03B-01	10 010		39 240	
国家电网	B02B-02	3 578	14 099	10 245	46 102
	B02B-05	5 028		14 529	
	B03D-03	5 493		21 328	
中信	B02B-03	3 386	12 549	9 246	43 774
	B03B-03	9 163		34 528	
中建材	B02B-06	3 428	3 428	9 222	9 222
黄金	B03A-02	8 666	8 666	25 485	25 485
中化	B03C-02	4 714	4 714	14 151	14 151
招商局	B03C-03	5 877	5 877	17 712	17 712
中外运	B03C-04	5 295	5 295	15 249	15 249
华电	B03C-05	5 452	5 452	15 912	15 912
上海电力	B03D-01	4 992	4 992	9 984	9 984
华能	B03D-02	6 096	10 405	23 480	39 038
	B03D-04	4 309		15 558	
合计			127 505		391 011

表 6-5 各产权地块地下室建筑面积统计表（按地块）

区域名称	编号	地块单位	各家企业用地面积/m²	地下室建筑面积/m²				地下室总面积/m²	百分比/%
				地下1F	地下2F	地下3F	地下4F		
B02-A	B02A-02	国新	3 525	3 339	3 339	—	—	6 678	1.71
	B02A-03	中铝	3 715	3 545	3 545	3 545	—	10 635	2.72
	B02A-04	商飞	3 590	3 476	3 476	3 476	—	10 428	2.67
	B02A-05	世博	3 579	3 466	3 466	—	—	6 932	1.77
	B02A-06	中铝	5 515	5 320	5 320	5 320	—	15 960	4.08
	B02A-07	商飞	3 756	3 665	3 665	3 665	—	10 995	2.81
B02-B	B02B-01	宝钢	3 624	3 488	3 488	3 488	—	10 464	2.68
	B02B-02	国家电网	3 578	3 415	3 415	3 415	—	10 245	2.62
	B02B-03	中信	3 386	3 082	3 082	3 082	—	9 246	2.36
	B02B-04	宝钢	3 717	3 608	3 608	3 608	—	10 824	2.77
	B02B-05	国家电网	5 028	4 843	4 843	4 843	—	14 529	3.72
	B02B-06	中建材	3 428	3 074	3 074	3 074	—	9 222	2.36
B03-A	B03A-02	中国黄金	8 666	8 495	8 495	8 495	—	25 485	6.52
	B03A-03	商飞	10 997	10 742	10 742	10 742	—	32 226	8.24
B03-B	B03B-01	宝钢	10 010	9 810	9 810	9 810	9 810	39 240	10.04
	B03B-03	中信	9 163	8 632	8 632	8 632	8 632	34 528	8.83
B03-C	B03C-02	中化	4 714	4 717	4 717	4 717	—	14 151	3.62
	B03C-03	招商	5 877	5 904	5 904	5 904	—	17 712	4.53
	B03C-04	中外运	5 295	5 083	5 083	5 083	—	15 249	3.90
	B03C-05	华电	5 452	5 304	5 304	5 304	—	15 912	4.07
B03-D	B03D-01	上海电力	4 992	—	4 992	—	4 992	9 984	2.55
	B03D-02	华能	6 096	5 870	5 870	5 870	5 870	23 480	6.00
	B03D-03	国家电网	5 493	5 332	5 332	5 332	5 332	21 328	5.45
	B03D-04	华能	4 309	3 892	3 892	3 892	3 892	15 568	3.98
汇总值			127 505	118 102	123 094	111 297	38 528	391 021	

表6-6　各产权地块的地下分摊系数

区域名称	编号	地块单位	街坊总用地面积/m²	各家央企用地面积/m²	地下总建筑面积/m²	各家企业地下建筑面积/m²	用地面积百分比/%	建筑面积百分比/%
B02-A	B02A-02	国新	23 680	3 525	61 628	6 678	14.9	10.8
	B02A-03	中铝		3 715		10 635	15.7	17.3
	B02A-04	商飞		3 590		10 428	15.2	16.9
	B02A-05	世博		3 579		6 932	15.1	11.3
	B02A-06	中铝		5 515		15 960	23.3	25.9
	B02A-07	商飞		3 756		10 995	15.8	17.8
B02-B	B02B-01	宝钢	22 761	3 624	64 530	10 464	15.9	16.2
	B02B-02	国家电网		3 578		10 245	15.7	15.9
	B02B-03	中信		3 386		9 246	14.9	14.3
	B02B-04	宝钢		3 717		10 824	16.3	16.8
	B02B-05	国家电网		5 028		14 529	22.1	22.5
	B02B-06	中建材料		3 428		9 222	15.1	14.3
B03-A	B03A-02	中国黄金	19 663	8 666	57 711	25 485	44.1	44.2
	B03A-03	商飞		10 997		32 226	55.9	55.8
B03-B	B03B-01	宝钢	19 173	10 010	73 768	39 240	52.2	53.2
	B03B-03	中信		9 163		34 528	47.8	46.8
B03-C	B03C-02	中化	21 338	4 714	63 024	14 151	22.1	22.5
	B03C-03	招商		5 877		17 712	27.5	28.1
	B03C-04	中外运		5 295		15 249	24.8	24.2
	B03C-05	华电		5 452		15 912	25.6	25.2
B03-D	B03D-01	上海电力	20 890	4 992	70 360	9 984	23.9	14.2
	B03D-02	华能		6 096		23 480	29.2	33.4
	B03D-03	国家电网		5 493		21 328	26.3	30.3
	B03D-04	华能		4 309		15 568	20.6	22.1

1）投资分摊原则

共用工程部分按比例承担,可采用地下建筑面积比、地块占地面积比、地块开挖体积比;专属工程部分独自承担。

2）投资分摊方法

地墙部分,按项目整体工程地块占地面积,采用比例分摊法,由15家单位分担。

支撑、立柱等支撑工程,在共用基坑中计算工程清单,按照分摊系数,采用比例分摊法,由基坑所属单位按一定比例分担(图6-15)。

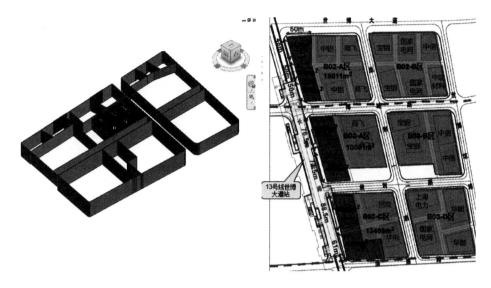

图6-15　15家企业、17个基坑、28片地块(含两处道路地下公共空间)图

3) BIM模型对投资分摊的支撑方法

(1) 测量工程区域,提供比例分摊法基础数据。

(2) 标记工程清单,对工程清单所列(围护结构、支撑、基坑加固、土方等工程数量)所属位置进行标记,提供分摊单位对应的工程清单。

(3) 提供工程量清单,提供基坑工程清单(围护结构、支撑、基坑加固、土方等工程数量)。

(4) 根据投资监理要求,修正模型构件标记,以适应不同的分摊模式。

4) 地下墙建模、分拆、标记

根据选定分摊方式,对地下墙进行分摊(图6-16)。

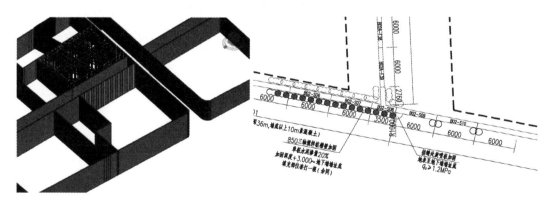

图6-16　地下墙建模、分拆、标记图

根据分摊比例导出工程量清单供各业主参考。

6. 效益分析

本项工程的工作量比较大,目前基本解决了地下公共区工程需要与相邻地块之间的设计对接、管线优化、低成本技术实施措施以及各单位工程建设及管理承担费用的合理计算等问题。待下一阶段结合工程项目应用的实际情况逐项完善各项开展研究。

6.3 基于 BIM 的工程综合应用示范——地下空间三通道工程

6.3.1 工程概况

上海世博会 B 片区央企总部基地工程位于世博园区一轴四馆西侧,规划范围东临世博馆路,西至长清北路,北至世博大道,规划用地面积约 18.72 hm²,B02 地块、B03 地块内共有 28 栋建筑,分属 13 家央企和 2 家地方企业,其中 4 栋为 28 层高层,最高 120 m,其余为 6~16 层;地上总建筑面积约为 60 万 m²,地下总建筑面积约 40 万 m²。其后续会形成"五区一带",包括文化博览区,城市最佳实践区,国际社区,会展及其商务区,后滩拓展区,滨江生态休闲景观带等,在上海市的城市规划上具有战略意义。

上海世博会地区 B02 地块、B03 地块央企项目在两大地块间间隔东西走向有一条博成路,为连接两地块并保证博成路正常交通功能,在博成路下方设计三个地下连通道,如图6-17 所示。其中,1# 连通道位于长清北路与博成路路口;2# 连通道位于规划一路与博成路路口;3# 连通道位于世博馆路与博成路路口。

图 6-17 通道位置示意图

1# 连通道为地下单层箱形结构,总长度为 30 m,总宽度为 9.2 m(包含外挑底板),开挖深度为 12.15 m,开挖面积为 276 m²;2# 连通道为地下两层箱形结构,总长度为 30 m,总宽度为 17.2 m,开挖深度为 15.5 m,开挖面积为 649 m²;3# 连通道为地下单层箱形结构,总长度为 30.318 m,总宽度为 9.2 m(包含外挑底板);开挖深度为 12.15 m,开挖面积为 281 m²。

在博成路地下设有一条已经建成的东西走向的共同沟,即"地下城市管道综合走廊",将燃气、电力、通信、给水、雨水、污水以及垃圾等不同的管道共同敷设在同一个地下空间的市政管道设置方案。这是影响到通道项目设计、施工的重要客观因素之一,如图 6-18 所示。

世发集团作为上海世博会 B 片区央企总部基地项目的 15 家业主中的一家,同时代理部分管理职能,对整个世博 B 片区的建设工作进行统一管理和全面协调,实现对 B 片区地下空间统一规划、统一设计、统一建设、统一管理。

为了能够利用 BIM 技术更好地辅助项目管理工作,世发集团管理层在项目实施初期就把 BIM 应用放在了很重要的高度,并提出了利用 BIM 辅助项目管理,并与工程实践紧密结合的应用要求。

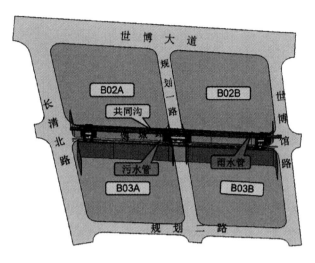

图 6-18　共同沟及管线示意图

6.3.2　项目难点

1. 大断面的共同沟保护难度大

共同沟对于整个地下空间起到了至关重要的作用:

(1) 实现统一施工和集中运营管理,大大提高了效率;

(2) 减少道路的重复开挖,避免了对正常交通的影响;

(3) 有利于满足市政管网逐步持续性增长对通道、路径的需求;

(4) 具有较高容量性,而且具有耐用性和便利性,同时方便维修;

(5) 有利于城市管线的灵活配置,提高了地下空间的利用率。

地下空间的施工对共同沟产生的影响:

因共同沟内有上水管,上水管属于有压管道,对位移极其敏感,为保证上水管及共同沟自身的安全,将沉降控制在 2 cm 内。共同沟(标准段)截面尺寸为 3.3 m×3.8 m,是上海市目前最大的一条共同沟。

通道基坑采用明挖法进行施工,共同沟位于地下通道北侧,与三条通道斜交。共同沟与 1 号通道相交的长度为 9.4 m,与 2 号通道相交的长度为 19.2 m,与 3 号通道相交的长度为 9.3 m。与 1 号通道及 3 号通道相交的共同沟断面为连续标准断面,断面形式单一。与 2 号通道相交的共同沟较为复杂,除了标准断面外,还有共同沟通风口及共同沟伸缩缝。共同沟通风口内设有防火门及 180 mm 厚的防火隔墙,断面形式较为多样,共同沟伸缩缝相当于将共同沟截成两段,原本的共同沟为超静定结构,现在变为两个悬臂体系,在同等情况下,伸缩缝处将产生更大的位移,不利于沉降控制。

共同沟内布置有伸缩缝及上水管,上水管接头泄漏,将直接威胁共同沟安全,最直接的影响即可能会对共同沟主体结构造成破坏,间接可能对有压管道带来破坏,二者对于差异沉降非常敏感。差异沉降容易造成伸缩缝处防水层撕裂,影响共同沟运营。因此共同沟设计及产权单位给予施工控制指标为伸缩缝差异沉降≤10 mm,总沉降量≤20 mm。由于共同沟较重(标准段重量 12.47 t/m,通风口断面结构自重荷载28.27 t/m),尺寸大(标准段断面 3.3 m×3.8 m,通风口断面 5 m×6.2 m),因此共同沟悬吊难度较大,如图6-19所示。

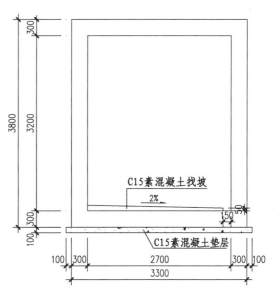

图 6-19　共同沟标准断面布置图(单位:mm)

2. 基坑围护体系未封闭

由于共同沟通道相交,导致共同沟范围内的灌注桩围护结构不能实施,因此共同沟地面至基坑开挖面有宽 3.3 m 的围护空挡,图6-20—图 6-22所示围护空挡会导致坑外水通过空挡进入基坑,造成基坑内部无法施工,同时由于水土流失,可能造成道路路面沉降,围护结构破坏。设计针对此段加固体未封闭区域采取 MJS 工法加固。MJS 工法又称全方位高压喷设法,它与普通工法相比具有显著优势,是在传统高压喷射注浆工艺的基础上,采用独特的多孔管和前端造成装置,实现了孔内墙砖排浆和地内压力监测,并通过调整强制排浆量来控制地内压力,大幅度减少对环境的影响,而地内压力的降低进一步保证了成桩直径。

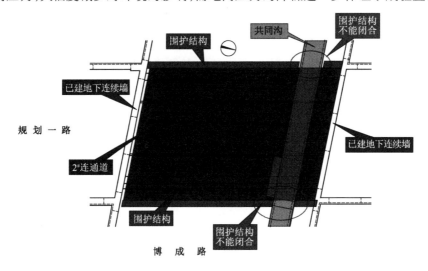

图 6-20　2# 通道基坑围护平面示意图

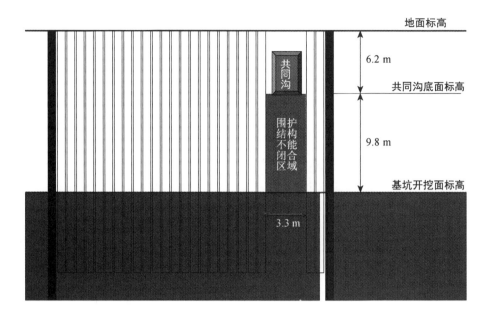

图 6-21　2# 通道基坑围护剖面示意图

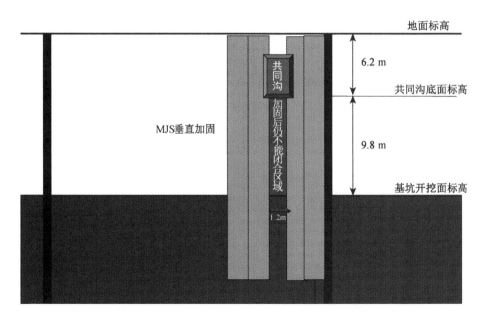

图 6-22　2# 通道 MJS 垂直加固后围护未封闭段剖面示意图

缺点：造价高,工艺较复杂,对于较差的土层容易将排泥管堵塞,设备容易坏。

根据 MJS 加固成桩直径及 MJS 自身设备操作空间要求,垂直加固后加固体仍旧不能交圈,中间约有宽 1.2 m 加固空挡,如图 6-22 所示。此部分空挡的处理为本次基坑施工的另外一个难点。

3. 明挖法施工的影响

本工程的三条通道均采用明挖法施工,均要穿越上海最大的共同沟,通道顶板距共同沟底板最小净距仅 0.5 m;基坑开挖面积较大,埋深较大,距基坑坑底仅 2.7 m 处就有承压水层,对承压水层有一定的影响。

开挖影响到共同沟的结构。如何对共同沟进行保护,如何确保基坑开挖的稳定性直接影响本工程的结构设计方案,有必要对基坑安全及周边环境保护提出更高的要求。

6.3.3　BIM 技术在通道项目设计阶段的应用

世博 B 地块公共区基坑维护团队与业主有 BIM 服务协议,三个连通道本不在服务范围内,但是因为其项目特点,有一定的设计难度,为了提高连通道设计质量,在设计全过程采用了 BIM 技术,并与地下公共区的现成 BIM 模型相结合。在设计过程中,全程应用 BIM 技术,项目的设计师由两部分组成:结构设计人员与 BIM 设计人员,其中的 BIM 设计人员也

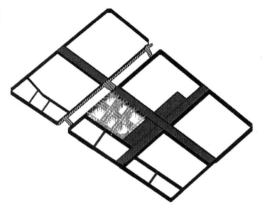

图 6-23　三通道与公共区的关系

是由专业的结构工程师担任,两部分人员同步开展设计工作,边做方案边构建三维模型,供设计、校核、审核人员逐步校核,专业与 BIM 结合,直观清晰。如图 6-23 所示,橙色区域为三通道与共同沟的新建模型,其他模型为世博 B 地块地下公共区与基坑围护结构现有模型。

BIM 技术在通道项目设计阶段的应用包括以下四点。

1. 可视化设计,规避设计盲点

在设计初期,应用 BIM 模型推敲设计方案的合理性,控制连通道与共同沟之间的空间定位。设计过程随时可以调出相应的三维截图,向业主与专家汇报方案,论证可行性,保证沟通过程中信息顺畅表达。2# 通道与地下公共区衔接,这两个部分是由不同分院设计,但是在一个模型里面协同创建,在互相提资时不仅是传统的二维图,还相当于附带了 BIM 模型,避免设计交互中的信息传递错误,如图 6-24 所示。

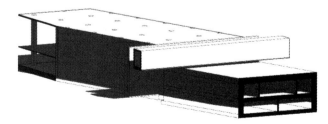

图 6-24　2# 通道方案设计阶段模型

2. 减少设计变更,提高出图准确性

在结构设计与 BIM 设计相互交流沟通的过程中,发现部分结构标高、尺寸等不一致,及时与结构设计沟通,保证设计图纸的准确性。例如,在通道围护结构建模过程中,发现围护桩在图纸上的标注尺寸与实际模型显示尺寸不一致,后与设计人员沟通才得知在新一轮方案调整后忘记将围护结构尺寸更改,若不及时发现问题,可能会导致实际围护桩数量与设计图纸提供的工程量不符合,将引起工程造价的不同。此外,栈桥暗梁、悬吊梁的尺寸前后矛盾,顶板标高不一致等一些细小问题,在 BIM 设计与二维设计的校核过程中都能及时发现并纠正,减少设计图纸的变更次数,提高出图质量(图 6-25、图 6-26)。

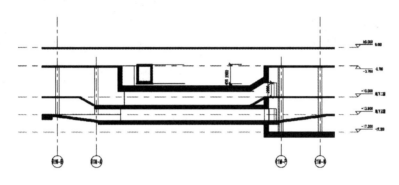

图 6-25 校核标高

图 6-26 施工图精度的三通道与共同沟

3. 体现设计细节,优化设计方案

在 2# 通道的共同沟处,最初的方案为围护结构不封闭,设计人员研究认为可以通过 MJS 桩斜打,来减小未封闭空间的大小,通过 BIM 模型印证后,清楚反映出斜打桩的最小长度以及平面位置;同时,发现还存在部分未封闭空间,项目负责人就根据未封闭空间的大小,设计出合理的"增加竖向钢围檩+钢横列板"的方案,确保基坑开挖的安全性。

在设计评审前,项目负责人要求 BIM 设计人员须一同前往评审现场,原因就在于此工程设计方案较为复杂,二维图和效果图不能完全展示共同沟处的空间形态,只能依靠 BIM 模型来展示。在设计评审中,与会专家首先对设计方能够应用 BIM 技术解决共同沟未封闭的难题表示肯定和表扬,但因该工程安全等级较高,共同沟内管线较重要,一旦施工保障措施不到位出现变形过大将会导致基坑失稳和共同沟开裂等严重后果,基于此,专家认为原方案围护结构存在较大的风险,建议与相关单位协商,通过 BIM 技术再次优化设计方案,可在共同沟处将围护结构封闭起来。最后,通过反复沟通和验证,重新设计新的围护方案,降低了工程的风险,推动了工程的顺利实施(图 6-27)。

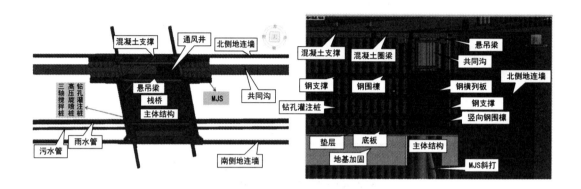

图 6-27　共同沟与地道横剖面关系图

4. 高精度 BIM 模型,贯通设计施工

设计方将完全达到施工深度的 BIM 模型交付施工单位,顺利实现工程 BIM 信息的有效传递与过度。通过后期相互配合与方案讨论,施工方在原有静态模型的基础上,预演了整个工程的施工动态模拟并合理安排好实施工期,保证施工进度可控。

本研究与生产实践紧密结合,总结了 BIM 设计和施工模拟方法,具有可实施性和可操作性,做到了产研用一体化。

6.3.4　BIM 技术在通道项目施工阶段的应用

BIM 在通道项目施工阶段的应用主要体现在以下几方面:利用 BIM 技术进行虚拟建造,辅助进行施工方案优化,以及进度模拟。

2013 年 8 月,在 BIM 工作推进会上,提出博成路作为 2014 年一项重要国际会议召开的必经线路,必须在会前完成通车,3 条地下通道施工能否按时完成无疑成为重中之重。因此,世发集团提出采用 BIM 技术,对地下通道施工进度进行模拟,以验证进度计划的合理性。而在 3 条地下通道中 2# 通道作为关键中的关键,被选取为代表进行进度模拟。

首先,根据施工图建立了 3 条地下通道的模型,如图 6-28、图 6-29 所示。在得到通道模型后,BIM 咨询方与施工单位共同对模型进行了微调,将部分施工措施添加至模型中(如悬吊保护),然后根据施工单位提供的施工图纸及施工组织设计,在世发集团和施工单位的大力支持下,对总体进度计划进行了四维模拟,模拟得到的关键节点如表 6-7 所示。

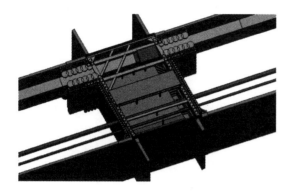

图 6-28　设计单位通道 BIM 模型

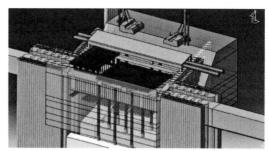

图 6-29　2# 通道 Delmia 施工模拟视频截图

表 6-7　三条通道模拟所得关键节点

序号	工序	预计完成时间
1	围护桩施工完成时间	2013 年 11 月 2 日
2	悬吊保护施工完成时间	2013 年 11 月
3	南侧第一道混凝土支撑完成时间	2013 年 11 月 8 日
4	第二道钢支撑完成施工	2013 年 11 月 18 日
5	底板完成施工	2013 年 12 月 20 日
6	结构顶板完成时间	2014 年 3 月 30 日

通过本次模拟,如根据现有的技术方案和施工人员安排,排出最终道路恢复时间应至2014 年 5 月底,很难满足世发集团要求的 4 月底恢复道路的要求。

1. 影响进度的主要因素

(1) 第二道钢支撑正好位于回筑结构顶板位置,与换撑距离太近,换撑需要穿过侧墙,影响施工进度。

(2) 封钢板处对撑距离支撑太近,造成下部挖土施工空间太小,影响挖土功效。

因此 BIM 咨询方协助世发集团与设计单位、施工单位沟通研究,共同提出了通过采用有效的技术手段缩短底板养护时间,由设计单位考虑是否可将第二道支撑位置进行调整及MJS 斜桩封钢板形式调整的建议。

2. 调整方案的依据

在 2013 年 8 月首次应用 BIM 技术对 2# 通道施工方案进行模拟了之后,业主方组织设计、施工单位,并邀请专家参与评审,对之前的施工方案进行了如下调整。

(1) 根据施工模拟后各方提出的建议,设计单位目前已将第二道钢支撑南侧的位置进行了调整,这样在后期结构施工时大约可节约 15 天。

(2) 出于对共同沟底部 MJS 斜桩施工完成后基坑安全性的考虑,经专家评审后 MJS 斜桩改为直桩,但考虑到存在的风险,原有的封钢板仍保留,因此次方案调整对现场施工进度基本无影响。

(3)受到土质情况的影响,基坑边缘处污水管清障方案由原有的大开挖调整为施打钢板桩方案,此处调整已影响现场的工期。

在世发集团组织下,2013 年 12 月 1 日,BIM 咨询方和施工单位重新对施工进度进行了模拟。由于现场施工进度已出现拖延,本次模拟已考虑加快挖土和换撑的速度,同时考虑缩短底板的养护时间,最终模拟得出的关键节点如表 6-8 所示。

表 6-8　施工进度模拟所得关键节点

序号	工序	预计完成时间
1	完成底板施工	2013 年 12 月 30 日
2	完成地下二层中板回筑施工	2014 年春节前
3	地下一层顶板施工	2014 年 2 月 25 日
4	完成道路恢复	2014 年 4 月底

截至 2013 年 12 月 17 日,2# 通道已完成第四道支撑施工,虽然由于管线清障等因素的影响,施工单位在前期桩基和悬吊施工时比原进度计划(2013 年 8 月)出现了拖延,但是通过增加作业班组,加快挖土速度,缩短了延误的工期,与重新模拟得到的进度计划保持高度一致,同时如采用技术手段缩短底板养护时间,再加之第二道换支撑范围已缩小,无疑为顺利通车提供了有利的支持条件。

通过第二次施工进度模拟,验证了 2# 通道可以于 2014 年 4 月底完成道路恢复。

3. 风险点预警

(1)天气因素的影响。由于在冬季会面临较多的雨雪天,同时气温也比较低,或多或少会影响后期的施工进度。

(2)管线恢复的影响。管线恢复由专业单位进行,进度控制存在一定的困难。

针对天气因素影响,BIM 咨询方建议提前进行人员调配,在晴好天气时适当增加作业人员,确保 12 月 30 日完成底板施工和春节前完成地下二层中板回筑施工,针对管线恢复事宜,建议世发集团提前组织有关专业单位进场,加强协调力度,确保管线恢复的工期。

截至 2014 年 2 月,2# 地下连通道已经顺利完成了主体结构外侧墙、顶板的底层防水涂料施工,面层的防水卷材施工,侧墙与围护结构间的填筑,顶板传力带施工,考虑共同沟后期安全,在共同沟和顶板间用混凝土浇筑。由于南侧顶板后浇带未施工完成,暂时无法进行管道恢复,目前在南侧浇筑挡土墙,预计在 3 月底交由施工单位开始管道施工,下一步计划做雨污水井施工、道路及绿化恢复。整个通道施工一级道路绿化恢复均按计划进行中,可以满足在 4 月亚信峰会前博成路恢复通车的要求。

6.3.4 效益分析

该示范工程为下穿博成路既有共同沟的三条人行道和车行通道工程,通道断面比较大,在设计和施工中的难点主要有以下几个方面。大断面共同沟保护难度大,基坑围护体系未封闭,明挖法施工影响到承压水层,开挖影响到共同沟的结构等难题,传统的设计和施工方法不够直观,不足以对采用的技术进行直观清晰展示,因此引入了 BIM 设计和施工模拟的方法,大大增强了对设计、施工方法展示的清晰程度,避免了设计和施工中的盲点,最终达到了辅助领导决策的目的,给项目实施也带来了一定的经济效益和社会效益。

在所有参建方 BIM 团队共同努力下,做到了:

(1) 在技术方面,解决了大断面共同沟下施工明挖地下通道难点。

(2) 在安全方面,保证了运营中共同沟及基坑的安全。

(3) 在工期方面,在 2013 年春节前完成 3 个通道主体结构施工,节约了工期 40 天(原工期 120 天),保证了博成路在亚信峰会前通车的要求。

(4) 在造价方面,明挖法与顶管法对比,节约了造价 1 100 万元。

该项目 BIM 技术的应用,是科研和生产结合的一个成功典范,也是 BIM 技术应用的成功案例。

6.4 总结与展望

6.4.1 项目主要核心成果

本项目研究形成了 6 个核心成果,包括后世博大型建筑群体数字化协同设计关键技术及 BIM 设计平台、后世博大型建筑群体数字化协同施工关键技术及 BIM 施工平台、后世博大型建筑群体数字化协同监督和控制关键技术及 BIM 监理平台、后世博大型建筑群体数字化协同管理关键技术及平台、后世博大型建筑群体数字化管理标准规范、"一楼两路三通道及地下空间"示范工程。

1. 成果 1——后世博大型建筑群体数字化协同设计关键技术及 BIM 设计平台

后世博大型建筑群体数字化协同设计关键技术采用的超大项目群性能模拟仿真设计技术,依托"BIM+GIS 集成分析"方法,实施"群体—单体—群体"分析思路,考虑了单体和群体之间的平衡,提高了设计品质,全园区实现二星以上的绿色建筑的目标,在项目群的规划设计、绿色建筑等领域可以进行广泛推广;超大项目群公共地下空间全三维设计的技术与应用可以推广到国内大规模滨江建筑群的地下空间设计工程中;超大项目群的施工进度模拟对项目的施工计划进行详细的策划和协调,可以推广到国内大规模建筑群的施工中;超大项目群工程量与造价数据共享技术可以推广到国内大规模建筑群的造价管理工作中。开发了现代集团 BIM 工程协同平台,可作为工程行业通用平台推广,面向企业和项目进行定制化,打造基于云平台的协同工作环境。

2. 成果 2——后世博大型建筑群体数字化协同施工关键技术及 BIM 施工平台

后世博大型建筑群体数字化协同施工关键技术采用 BIM 虚拟施工技术,可实现精确化方案选择与精细化现场管理;工程造价管理 BIM 技术应用研究不仅节省了工程造价人员的时间、降低了人为计算误差、提高了工作效率,还能够在不同阶段对工程造价进行合理掌控,有效地进行成本控制,对工程造价的发展有重大推动作用,实现对项目数据的共享,有利于项目模型决策;施工计划管理 BIM 技术应用研究不但改善了进度管理流程和过程,提高进度管理水平,而且能够减缓或避免影响进度的诸多因素,从而缩短工期,有效减少返工;基于 BIM 的施工管理平台(建筑工程项目三维可视化信息交互平台)对于工程项目现场管理协调起到了重要作用,可以直接展现施工计划和实际进度的差别以及施工质量,节约时间,大大提高了工作效率。

3. 成果 3——后世博大型建筑群体数字化协同监督和控制关键技术及 BIM 监理平台

后世博大型建筑群体数字化协同监督和控制关键技术通过现状建模技术形成了有效的现状建模标准,对现状采集数据的标准化,后期点云处理的规范化,以及进行 BIM 逆建模的流程化,提出了标准工作流程和工作机制;工程 BIM 管理实现 BIM 数据的存储、更新、提取和应用,同时利用组织资源、优化业务流程,制定 BIM 标准,最终推动工程监理 BIM 全面运行;工程竣工验收 BIM 应用为建设单位提供一套完整的可操作的全生命周期的软件平台,可实现项目合格性验证及 BIM 模型的竣工交付,为工程竣工验收及交付环节提供相应的信息支持,并为建设方在运营维护阶段提供三维、实时、有效的管理平台。BIM 工程监理协同平台(建科 BIM 协同监理平台软件)完成了用于协同建筑工程项目监理过程各参与方以及产生的庞大项目信息,从而建立了一套完整的 BIM 环境下监理工作方法和工具,提高监理控制的效率,实现监理对项目的动态控制、及时预警和可视化监管,全面提升大型建筑群项目监督管理水平。

4. 成果 4——后世博大型建筑群体数字化协同管理关键技术及平台

将 BIM 技术与现有管理平台,包括设计协同平台、施工协同平台、监理协同平台等有机融合,通过研究各子平台与总平台的对接接口,制定了相关流程标准与模型标准。在统一、集成、稳定、易用、可扩展的原则下,开发完成了数字化协同管理平台(后世博大型项目群体数字化协同管理平台),并在项目的工程协调会上得到应用,形成面向建设单位、设计单位、施工单位、监理单位以及其他各相关组织与部门的协同平台体系,实现高效互动及管理协同。

5. 成果 5——后世博大型建筑群体数字化管理标准规范

根据大型项目群体的工作特点,项目参与方共同编制了《后世博央企总部基地 BIM 应用实施指南》《上海世博园区 B02、B03 地块央企总部基地数字园区建设管理应用导则》《上海世博会 B 片区央企总部基地地下空间 BIM 建模标准》《世博发展集团大厦 BIM 实施标准》《后世博大型建筑群体施工阶段 BIM 技术应用标准》《基于 BIM 技术的超大项目群建设优化工作程序和方法》等工程标准指南以及建模、技术、硬件、软件网络等基础标准。

其中,《后世博央企总部基地 BIM 应用实施指南》针对后世博央企总部基地项目的 BIM 建模规则、流程、应用等做了详细定义,规定了 BIM 实施的包括术语、一般规定、协同工作机制、全过程应用等内容,明确后世博工程 BIM 实施目标、范围、主要内容和具体应用点等相关要求,指导项目的建设、设计、施工、运营和咨询等单位在工程中开展 BIM 技术应用。本指南是项目群级的 BIM 标准,可作为每一个单体项目的 BIM 应用方案制订、项目招标、合同签订、项目管理等工作的参考依据,可以推广到国内大规模建筑群的 BIM 应用中。

6. 成果 6——"一楼两路三通道及地下空间"示范工程

世博大厦为基于 BIM 的工程应用示范工程,通过现状建模、成本评估、四维模拟、设计评审等 BIM 技术应用,通过计算人工损耗以及区段造价推导出 BIM 对于整个工程的建设周期以及工程造价的影响。数据显示仅三层一个楼面节省的造价以及施工周期就达8.39%。同时,BIM 对于缩短工程量计算是有很大帮助的,效率提升远超过50%。根据工程使用中的实际测算,通过对设计模型的深化以及管线碰撞测试所避免的错、漏、碰、缺、返工等造成的浪费减少80.9%。

规划一路和规划二路地下管线工程为基于 BIM 的工程综合应用示范工程,工程涉及地下空间工程设计中 BIM 技术应用体系、建模与可视化设计技术、建模与出图同步技术、BIM 设计协同技术、地下空间围护结构投资分摊 BIM 技术应用等 BIM 技术的应用。解决了地下公共区工程需要与相邻地块之间的设计对接、管线优化、成本较低技术实施以及各单位工程建设及管理承担费用的合理计算等。

地下空间三通道工程为基于 BIM 的工程综合应用示范工程,该项目采用了全过程的 BIM 设计和施工模拟技术。通过 BIM 技术虚拟建造,在技术上解决了大断面共同沟下施工明挖地下通道难点,保证了运营中共同沟及基坑的安全,并实现工期节约了40天,造价节约了1 100万元。该项目 BIM 技术的应用,是科研和生产结合的一个成功典范,也是 BIM 技术应用的成功案例。

6.4.2 研究展望

结合后世博大型建筑群体项目的研究经验,希望未来积极探索 BIM 技术深度应用,为后续大型建筑群提供可复制经验。具体包括:

(1) 对后世博大型建筑群体数字化协同技术研究进行系统总结,提炼成册,对其中涉及到的关键技术进行推广,并开展 BIM 技术在运维中的标准研究。

（2）通过上海世博会后续大型群体商办建筑数字化建设管理协同平台，高水平、高速度地推进世博园区后期运营管理。

（3）加大 BIM 人才培养力度，建立具有丰富的实践经验、较强的信息分析能力、勇于创新的高效复合型技术团队，加大 BIM 技术普及程度，将 BIM 技术运用到实际工作中去，最大限度地利用新技术为项目带来效益。

（4）建议政府建立基于 BIM 的建设项目并联审批平台和 BIM 相关服务的公共平台，制订 BIM 技术应用能力专项投标评分办法、BIM 技术应用相关内容和条款，出台相关扶持政策，形成较为成熟的 BIM 技术应用市场环境。

参考文献

[1] 王鹏飞,王广斌,谭丹. BIM 技术的扩散及应用障碍研究[J].建筑经济,2018,39(4)：12-16.

[2] 梁玉美,陈小波.基于 BIM 的建筑能耗分析与模型构建[J].工程管理学报,2018,32(3):86-91.

[3] 谢祥,秦旋,王付海.业主方 BIM 技术风险网络的构建与评价[J].华侨大学学报(自然科学版),2018,39(1):37-42.

[4] 葛清,赵斌,何波.BIM 第一维度——项目不同阶段的 BIM 应用[M].北京：中国建筑工业出版社,2013.

[5] 中国建筑业协会工程建设质量管理分会.施工企业 BIM 应用研究[M].北京：中国建筑工业出版社,2013.

[6] 欧阳东.BIM 技术：第二次建筑设计革命[M].北京：中国建筑工业出版社,2013.

[7] 高承勇.上海现代建筑设计集团 BIM 应用实践与发展对策思考[J].中国建设信息,2012(20)：22-25.

[8] 王凯.国外 BIM 标准研究[J].土木建筑工程信息技术,2013,5(1)：6-16.

[9] 邵韦平,陈颖.数字技术语境下的设计实现——凤凰国际传媒中心数字设计实践[J].世界建筑,2013(9)：96-100.

[10] 清华大学软件学院 BIM 课题组.中国建筑信息模型标准框架研究[J].土木建筑工程信息技术,2010(2)：1-5.

[11] 陆化普.城市绿色交通的实现途径[J].城市交通,2009(11)：15.

[12] Paulo Sergio Custodio.绿色交通相关问题概述[J].城市交通,2007(7)：17.

[13] 岑曦.浅谈双层幕墙[J].建筑节能,2010(6)：26.

[14] 项铮.几种屋顶绿化形式的隔热及节能效果研究[J].土木建筑与环境工程,2011

(6)：31.

[15] 王凯.BIM 与传统 CAAD 在室内方案设计中的对比研究[D].南京：南京林业大学,2011.

[16] 陈瑜,罗晟,乐云.政府投资大型复杂项目总体项目管理框架研究[J].工程管理学报,2012(5)：57-61.

[17] 蒋卫平,李永奎,何清华.大型复杂工程项目组织管理研究综述[J].项目管理技术,2009(12)：20-23.

[18] 付欢,史健勇,王凯.基于 BIM 的工程量计算与计价方法[J].土木工程与管理学报,2018,35(1):138-145.

[19] 徐惠儿,丰景春.基于 BIM 的 EPC 项目价值增值研究[J].工程管理学报,2018,32(4):137-142.

[20] 乐云.大型复杂群体项目实行综合管理的探索与实践[J].工程质量：2011(3)：27-31.

[21] 乐云,蒋卫平.大型复杂群体项目系统性控制五大关键技术[J].项目管理技术,2010,8：19.

[22] 张晓菲.探讨基于 BIM 的设计阶段的流程优化[J].工业建筑,2013(7)：154-158.

[23] 张洋.基于 BIM 的建筑工程信息集成与管理研究[D].北京：清华大学,2009.

[24] 贾东峰,程效军.三维激光扫描技术在建筑物建模上的应用[J].河南科学,2009(9)：1111-1114.

[25] 徐进军,张民伟.地面三维激光扫描仪：现在与发展[J].测绘通报,2007(1)：47-50,70.

[26] 刘旭春,丁延辉.三维激光扫描仪在古建筑保护中的应用[J].测绘工程,2006(1)：48-49.

[27] 杨蘅,刘求龙.三维激光扫描仪的工程应用[J].红外,2009(8)：24-27.

[28] 董秀军.三维激光扫描技术获取高精度 DTM 的应用研究[J].工程地质学报,2007(3)：428-432.

[29] 李长春,薛华柱,徐克科.三维激光扫描在建筑物模型构建中的研究与实现[J].河南理工大学学报(自然科学版),2008(2)：193-199.

[30] 马利,谢孔振,白文斌,等.地面三维激光扫描技术在道路工程测绘中的应用[J].北京测绘,2011(2)：48-51.

[31] 刘春,张蕴灵,吴杭彬.地面三维激光扫描仪的检校与精度评估[J].工程勘察,2009,37(11)：56-60,66.

[32]李长春,薛华柱,徐克科.三维激光扫描在建筑物模型构建中的研究与实现[J].河南理工大学学报(自然科学版),2008,02:193-199.

［33］张鹏飞.基于 BIM 的大型工程全寿命周期管理[M].上海:同济大学出版社,2016.

［34］张鹏飞,王慧敏.基于 BIM 技术的超大项目群工程量与造价数据共享分析[S].建筑工程技术与设计,2019(4):132-133.

［35］张鹏飞.BIM 技术在上海穿越共同沟地下通道建设中的应用分析[S].土木建筑工程信息技术,2015(4):10-14.

［36］张鹏飞,李佳.世博中国商飞总部办公楼太阳光热系统应用分析[S].绿色建筑,2015(2):43-46.

［37］李华国,尹宏,张常喜,等.中铝南方总部大厦绿色建筑技术应用分析[S].绿色建筑,2015(2):34-36.

［38］Zhang Pengfei. Analysis on Building a Green Eco-smart City Based on Block Chain Technology[C]//Jemal Abawajy, Kim-kwang Raymond Choo,Rafiqul Islam,et al. Inernational Conference on Applications and Techniques in Cyber Security and Intelligence ATCI 2018：Advances in Intelligent Systems and Computing Volume 842. Springer Nature Swizerlang AG 2019:554-564.

［39］张鹏飞.上海世博央企总部基地超大型地下空间 BIM 技术应用研究和分析[J].建筑工程技术与设计,2014(1), 28-30.

［40］张鹏飞.世博央企总部基地能源中心应用分析[J].绿色建筑,2016(5):37-39,66.

［41］孙力行,张鹏飞,余洋.绿色节能技术在中国中化集团世博办公楼中的应用和绿色三认证分析[J].绿色建筑,2017(1):36-39.

［42］王敏仕,张鹏飞,余洋.绿色节能技术在中外运世博办公楼中的应用[J].绿色建筑,2016,(4):50-53.

［43］姚昕怡,张路西,张鹏飞.基于生态技术的建筑形式与空间设计[J].绿色建筑,2017(4):52-54.

［44］张鹏飞.上海地区地下空间智能化信息化实践和探索[J].城乡建设(专刊),2018(5):176-181.

［45］上海建坤信息技术有限责任公司:上海市建筑科学研究院(集团)有限公司.基于三维建筑信息集成模型的投资管理平台:2016SR183101 [P].2015-05-25.

［46］上海世博发展(集团)有限公司:上海互联网软件有限公司(中国). 后世博大型建筑群体数字化协同管理平台:2016SR056952 [P/OL].2015-11-01[2016-03-18] https://m. tianyancha. com /scopyright /339938307-e7f1.

［47］张鹏飞.上海世博绿色智慧生态园区运维管理分析[J].绿色建筑,2017(6):15-18.

［48］孔令文,张鹏飞,张文宇.世博园区 B 片区能源中心设备配置合理性分析[J].上海节能,2015(8):415-418.

[49] 王恒栋,唐士芳,张伟立,等. 上海世博园区地下空间开发利用的功能分析[J]. 地下空间,2014(12):55-59.

[50] 张鹏飞. 浅谈建筑工程中深基坑中支护施工技术[J]. 建筑工程技术与设计,2014(4):58-62.

[51] 张鹏飞,沈平. 绿色节能技术在多业主世博央企总部基地的应用分析[J]. 绿色建筑,2014(6):33-36.

[52] 张鹏飞. 地下空间及隧道混凝土结构抗裂抗渗新材料研究[J]. 中国市政工程,2014(6):79-81.

[53] 张鹏飞. MJS 工法在后世博园通道下穿综合管沟中的应用[J]. 中国市政工程,2015(1):56-59.

[54] 颜俊生,张鹏飞. 绿色施工技术在世博园区的应用分析[J]. 绿色建筑,2016(1):50-53.

[55] 游郎,张鹏飞. 上海绿地缤纷广场地下停车库 Lige 系统应用分析[J]. 绿色建筑,2015(11):55-56,66.

[56] 张鹏飞,陈烈. 生物识别安全性技术分析及在公共安全领域应用探索[J]. 智慧建筑与智慧城市,2019(7):57-59.

[57] 琚娟,朱合华,李晓军,等. 数字地下空间基础平台数据组织方式研究及应用[J]. 计算机工程与应用,2006,42(26):192-194.

[58] 沈平,张鹏飞. 上海世博央企总部基地商飞办公楼深基坑变形实测与性状分析[J]. 中国市政工程,2013(2):50-54.

[59] 李佳,张鹏飞,高冲. 低噪声低能耗空气处理技术在后世博中国商飞总部大楼的应用[J]. 绿色建筑,2014(9):45-48.

[60] 张鹏飞,侯建华. 上海世博行政中心光伏发电并网系统分析[J]. 太阳能,2008(6):50-53.